U0146723

也许不是你想太多

如何识别并摆脱心理暴力

[法]让-夏尔·布舒(Jean-Charles Bouchoux) 著
陈晨 译

中国友谊出版公司

图书在版编目（CIP）数据

也许不是你想太多：如何识别并摆脱心理暴力 / (法) 让-夏尔 · 布舒著；陈晨译. -- 北京：中国友谊出版公司, 2024.6

（复杂而有趣的人类）

ISBN 978-7-5057-5845-2

Ⅰ. ①也… Ⅱ. ①让… ②陈… Ⅲ. ①心理学－通俗读物 Ⅳ. ①B84-49

中国国家版本馆CIP数据核字(2024)第067122号

书名 也许不是你想太多：如何识别并摆脱心理暴力
作者 [法] 让-夏尔 · 布舒
译者 陈 晨
策划 杭州蓝狮子文化创意股份有限公司
发行 杭州飞阅图书有限公司
经销 新华书店
制版 杭州真凯文化艺术有限公司
印刷 杭州钱江彩色印务有限公司
规格 880毫米×1230毫米 32开
7.125印张 101千字
版次 2024年6月第1版
印次 2024年6月第1次印刷
书号 ISBN 978-7-5057-5845-2
定价 59.00元
地址 北京市朝阳区西坝河南里17号楼
邮编 100028
电话 （010）64678009

目录

3 为何暴力不止

4 远离病态的暴力

不，你并不奇怪，

你本来就与众不同，具有独特性。

前言

他们想要把我们埋进土中，却不知道我们其实是种子。

——墨西哥谚语

我们生活在一个令人惊奇的社会中，这里竟然有多种不同形式的暴力并存。我们或许对某位畅所欲言的政客发表的种族主义言论习以为常，而要是某位电视节目主持人开了性别歧视的玩笑，我们可能会要求他立刻辞职。也就是说，有些人被允许造成伤害，另一些人则不然。

如何解释在某人成为我的伴侣之前，我从来不敢向对方展现出我的攻击性呢？仿佛性行为让我变了一个人，并赋予我相对于伴侣而言的某些特权。这样的现象可能发生在伴侣之间，但不仅限于伴侣；如果我是部门主管或公司管理层，我似乎就有权对员工恶言相向；同理，一位父亲或许也会对自己的孩子大吼大叫。

我并不想对这些现象一概而论，但是我们应该注意到，这种在工作场所、家庭关系和伴侣之间常见的现象有发展并传播到整个社会的倾向：我能够掌控自己的生活，我就有权羞辱犯错的人吗？如果我在商店没有及时得到服务，我就有权怒气冲天地抱怨吗？他人的错误给予了我某种权利吗？另外，我上述说的都是相对明显的暴力，那些伴随微笑、默认、潜规则、自相矛盾的指令和情感勒索出现的暴力行为，又是怎样的呢？

正如我们接下来将要说明的，攻击性是人类生活的一部分，它甚至会融入并参与我们的成长。那么，如何区分正常的攻击性和有害的暴力呢？什么是看不见的暴力，以及我们应该如何面对它？我们是否有可能将这种隐藏在表面人际关系背后的暴力展现出来？

本书首先会观察这些不同形式的暴力，并自问是否有正常和病态的暴力之分；接下来会列举出许多情境，在这些情境中，我们可能正向某人施加某种不易察觉的暴力，或是成为这种暴力的施加对象。通常来说，了解问题会引导我们应对问题，可能仅仅意识到问题就足以让事情发生改变。

几年前，我写过一本关于病态自恋机制的书，有些人利用这种看不见的暴力以求生存下去和避免陷入疯狂。鉴于我自那时起收到了许多相关的证明材料，我想再好好思考一下关于我在上一本书中介绍的一些内容。

本书展开的冒险之旅应该将我们带到更为平静的彼岸。我们必然会经历一些风暴，但是我希望，最终我们能像那些历经灾难的人一样大声喊出："这样的经历让我变得更加强大了！"

暴力的起源

暴力意味着什么

想要了解暴力，我们首先要接受暴力。

大多数精神分析学家曾试图通过观察某种早期的痛苦来了解我们病症的根源。奥托·兰克（Otto Rank）提及出生创伤，弗洛伊德则将恋母情结和所有与之相关的痛苦都视为神经症的症结所在。在仔细观察我们周围的一切后，我认为，我们大部分的痛苦源于一种自恋的创伤。

在某种能量的帮助下，我们的神经症总是可能得到解决的：向外的能量可能表现为攻击性，向内的能量就是痛苦。

让我们想象一个正蹒跚学步的孩子：大人牵着他的手，二人手牵手的画面是很美好的。但是在某个时刻，这个孩子会想要独立行走。为此，他必须放开大人的手。当然，这样的情景不会出现强烈的攻击性，能量此时服务于孩子想要独立行走的意愿，并在孩子取得进步后立即作用于自身的满足感，尤其是在大人积极的鼓励和引导下。但是，如果大人因为孩子可能会摔倒或脱离自己的控制而过于担心，孩子就只有以下三种可能的选择了：放弃自己独立行走的意愿并感到后悔，因失败（摔倒）或成功（忠诚矛盾[1]）的想法而产生焦虑，或是对大人表现出攻击性以试图摆脱控制。这样的能量在无法释放的情况下，可能会转移到其他不太危险的对象上（比如另一个孩子、某件玩具等）。

总之，在二元关系中，任何发展都伴随着能量的获取（攻击性／焦虑）和放弃（次要利益），无论是那些标记着我们成长的时刻（出生、断奶、独立等），还是摆脱某种精神状态（抑郁、依赖等）时。矛盾的是，我们执着于已知，

1　一些心理学家用“忠诚矛盾”（loyalty conflict）来形容离婚家庭的孩子在敌对的父母关系中生活所产生的心理问题。这里指孩子成功独立行走与大人的担心相悖，从而产生忠诚矛盾。——译者注（本书115页对于忠诚矛盾也有比较详细的解释）

同时又害怕着未知。

因此，为了取得成长并摆脱病态的处境，我们必须接受自己的攻击性，将它作用于我们的成长，并放弃之前的状态和它带来的暂时利益（如忠诚矛盾）。

想要摆脱抑郁，就必须拒绝抑郁。

你必须放弃那些次要利益（忠诚、习惯等），攻击性也好，痛苦也罢，你必须找到将这种能量作用于我们成长的方法。只有这样，暴力才会摒弃它病态的属性，并成为通向转变的阶梯。

由正常的攻击性到病态的暴力

虽然攻击性是在我们成长的过程中出现的，但它也是我们性格的一部分。值得一问的是，攻击性是否有正常和病态之分？

让我们来分析一瓶好酒的成分：在其中，我们能发现酒精、酸、单宁等。这些不可单独饮用，它们是有毒的，但若是少了任何一样，都会使这瓶酒寡淡无味，失去它本应有的绝妙滋味。我们的性格也是如此。

想象一下，要是有位朋友总是同意我们的观点，从不反驳——他是一个同意我们所有观点的人。在这种情况下，我们会觉得自己肤浅和无趣。或许对方让我感到不快的本事，才会让我觉得对方有趣，即对方有能力对我说“不”，且不一定说出我期望听到的话。就像红酒里适量的酸、酒精和单宁能打开我的味蕾一样，面对他人时，我必须当场表明自己的态度，即使展现不了自己最好的一面，至少也要表现出自己作为一名合格的交谈者的样子。

现在，请想象两个肥皂泡：它们独立存在，但是当它们相遇并接触时，就有了一个共同的边界。对方允许自己存在，也允许我作为独立的个体存在。而我在表明自己的立场后，也允许对方存在。如果我自己消失，这种关系就不存在了；如果我吞并对方，我与对方就更没有什么关系了。只有在互动的身份中，我才能找到自身存在的本质。

这个肥皂泡就是我们所说的“我”，而这一共同边界就是所谓的关系。

但是，这个“我”是什么？如果我们问身边的人这个问题，许多人回答时都会犹豫。有些人可能会提及自己的身体：“我就是皮肤下这副血肉之躯，除此之外就不是我……”有些人可能会说到自己的身份：“我是法国人、西班牙人……”重点在于，我们经常通过某种边界来定义自己。对于身体来说，这个边界就是皮肤；从心理上来说，这个边界就是身份。那什么才能成为边界呢？或许就是说“不”的能力、面对他人的能力。只需要一条边界以及包含在内的东西，就这么简单，这也就是表达反对和赞同的能力。

边界有高下之分吗？他人能够反对或赞同我，对我亮出底线，向我展示边界。他人就像是一扇敞开或紧闭的门，我能或不能依照我的意愿或对方的喜好来开关这扇门。只会赞同而不知如何反对的人，就像是一扇被卸下铰链的门，任由风穿堂而过。

在这个我们主要作为消费者存在的社会中，说“不”被视为一种暴力。

说“不”相当于存在，存在意味着承担被排斥的风险。

最近有人给我发了一条信息，希望我能仔细阅读。我拒绝她后，她是这样回复我的："显然，你把那些自恋狂刻画得那么好，肯定自己多少也带点自恋狂的特质。"对于这个人来说，别人说"不"已经是一种病态的症状了。

如果是正常的攻击，它就是迫使我存在的原因；

如果是有害的暴力，它就会阻碍我。

缺乏攻击性和过度暴力一样，不会促使边界形成。人们不是完全屈服，就是完全侵占。

英国有一部背景设定在未来的电视剧，主人公在一场车祸中失去了她的伴侣。剧中的科技能够再造一个机器人，其肌肤、声音等可以做到与她的伴侣完全相同，但是比他更"完美"：它是个更好的爱人和朋友，从不与人争吵。尽管刚开始主人公对她的这位新伴侣喜爱至极，但很快，她就对机器人失去了兴趣，感到孤独。最终，她将新伴侣搬上阁楼，放在装着旧照片的箱子旁边。

在电视剧中，主人公原来的伴侣有着种种缺点，但是他拥有说"不"的能力，是一个活生生的人；而那个人形复制品表面上十分完美，却没有表达反对的能力，仅仅是个物品而已。

我将自己定义为物品，相当于我将对方也看作物品。如果我没有说“不”的能力，以一件消费品的形象示人，我也就将他人变成了消费品。

消费者的身份不是主体，
主人和奴隶的身份都不是主体。

当我强调自我时，我就允许他人存在。当我没有存在或承认他者的能力时，我就会造成伤害。

我因你而存在，你因我而存在。

但是这一点表现得并不明显。从小我们就一直学习服从，不拒绝，不成为利己主义者；说“不”的孩子不是好孩子，服从的孩子才是好孩子。这样的概念包含着一种威胁。如果孩子不听话，我们就会提高声调、皱起眉头、抬起手等等。于是孩子受到了被惩罚、失去爱和被抛弃等威胁。

在一些练习中，参与者们被要求在房间里走动，并在经过某人时直接说“不”。有些人没能达到要求，因为他们非常不好意思说出“不”这个字，以至于他们听上去像是在说“当然可以”；而有些人则上前愤怒地喊出了“不”。

如果我们因为说“不”会带来被抛弃的风险，而将其视作一种暴力行为，我们就说不出口了，除非是在由于愤怒而失去理智的情况下。

说“不”的缘由

让我们重新看待这个问题，不过这次我们先从一对术语——阴与阳——开始。

阴是一种向心的能量，是向内吸引的；阳是离心的，是向外推送的。例如，当大地接受种子的时候，大地就代表阴；种子发芽的时候，种子就是阳。雌性受精时就代表阴，分娩时就代表阳，再次受孕时又变回阴，之后又会需要阳性能量来断奶并与孩子分离。

这一切都始于融合。在离开母体之前的9个月里，胎儿和羊水以及周围的环境融为一体。出生之后，当婴儿得到母乳喂养时，又回到了这种融合的状态（当然，我们经常会在回到这种融合状态和继续发展的愿望之间感到矛盾）。但是，第三方的出现突然打破了这种共存的融合状态：“回你自己的房间去，别来打扰妈妈和我。”谁是这个新的角色呢？他没有妈妈香，拥抱我们的时候毛手毛脚，还总是想让我们出去。他是个讨厌的人吗？也不仅仅是这样……

矛盾就是两种对立力量的相遇。当我在返回融合状态和离开这种状态去探索世界之间犹豫不决时，如果这个第三方角色能够向我伸出手说“来吧，我带你看看外面的世界”，他就能很好地帮助我做出选择。他就是那个说“不”的人，也是那个赋予“不”含义的人。他关上了一扇门，但一般情况下同时也会打开另一扇门。

但是这个第三方角色的缺席，或是他无趣、暴力，抑或我与他之间存在的任何障碍，都很有可能使我回到之前的融合状态，感到自己是无所不能的。这个第三方就是“不”的化身，也是他赋予了“不”含义，并打开了通向外部世界的大门。

“不”是一扇关闭的门，但同时也是一扇打开的门。

选择就代表着放弃——放弃某种可能性而赞同另一种可能性，从冲突中脱身并恢复冷静。而不做出选择，不为自己做主张以避免冲突，反而会使矛盾出现。

对于那些想与人为善的人来说，说“不”是件困难的事情，但是困难不仅在于此。在融合状态中，我就是一切。我还在羊水中时，我就是一切，一切就是我，我没有边界，对任何界限都一无所知。

为了能够表达或接受拒绝，我就必须放弃对全能力量的幻想。一般而言，在有害的关系中，一方听不到拒绝的声音，而另一方无法表达拒绝。要想摆脱受害者的身份，就需要让自己成为主体。而要想成为主体，我们就必须准备好放弃对全能力量的幻想。放弃自己对全能力量的幻想，就像放弃待在精神世界的羊水中一样——它意味着出生[1]。

---

1 偏执狂（paranoia，病态自恋的主要特征）这一术语的词源，给予我们关于此话题的启发：“para”的意思是“阻止”（弃之一旁），“noia”表示“出生”（灵魂的降生）。——作者注

第三方将我们带出融合状态后，又迫使我们“出生”。通过与我们的对抗，他迫使我们建立起自己的边界。

暴力，一种构建元素

来自第三方的拒绝介入了我和母亲之间，令我感到沮丧，但是也让我感到安心。来自第三方的拒绝具有建设意义，体现了家庭结构并迫使孩子对自己进行构建。

佩德罗

当我13岁的儿子对我说：“今天镇上有节日活动，我想跟我的朋友们晚上一起出去玩。”我对他说：“好的，你们可以玩到午夜，到点我会去接你回来。”他说：“不行，午夜时刻热闹才刚开始呢！”我拒绝他后，他摔门离开了房间。

可能有人认为我的回答对儿子来说是一种暴力，但实际上我是心平气和的。晚上在街上玩确实不安全。

心理结构之所以令人感到安心，是因为它能够保护我免受外界的伤害，同时也迫使我抑制住可能从内心爆发出来的东西。如果我有了某种疯狂的念头，阻止我采取行动的就是心理结构。

丹尼尔是9个兄弟姐妹中最小的孩子。他的父亲突然抛弃了家庭，因为父亲是个艺术家，需要自由来进行创作。

丹尼尔对界限没有任何认知。他的母亲要承受巨大的压力，所以没有任何东西限制他。如果他不回家，也没有人会批评他。12岁时，他第一次发生了性关系。14岁时，他开始吸毒和酗酒。他因为感到极度痛苦而来进行心理咨询，当时他刚刚认识了一个女人，两人即将迎来一个孩子。很快，我们意识到他害怕的是自己内心的冲动："要是我内心有伤害他们的想法，该怎么办？！"

我们的心理结构保护我们免受外界的影响，
但主要是保护我们免受内部的影响。

正如我们将在下面这个例子中看到的一样，那个坏人的力量来自我们的自私自利和沟通能力的丧失。坏人代表着随时可能降临在我们身上的危险（因此我们避免与他发生冲突），他将权力建立在我们对失去的恐惧之上。同样，其他人对他暴行的阻挠，体现了反抗的可能性。

正如第三方存在于家庭关系中，群体和社会中也有第三方的存在。如果你是一个正直的人，你就可以成为建设者。

海梅

当时我在一家咖啡馆的露台上，看见有个男人正在打他的狗。那个男人想让狗喝市政喷泉里的水，但是狗不喝。所以那个男人就用小碗盛满水，猛然向狗的头部砸去。小狗受到了惊吓，转来转去不知所措。

在场所有人都看到了这一幕，但是没有人做出任何反应。他的所作所为令人难以忍受，我实在看不下去，就骂了他。那个男人向我冲过来，我站起身来准备面对他。一群年轻人插手阻止了我们打架。最后我坐了下来，但是那群年轻人让我对自己刚才说的话感到有些不好意思。

那个男人离开后，许多人从椅子上站起来走向我，并对我插手的举动表示感谢。小狗的遭遇确实令人难以忍受，但是他们刚才却不敢干涉。之后大家开始相互交谈，气氛变得融洽起来。

让我们来观察一下这场冲突涉及的精神能量。一个男人将他的暴力发泄在一只狗身上，周围不敢干预的人也是暴力的受害者。发生在狗身上的是看得见的暴力，但是公众所承受的是看不见的暴力。当一个人突然对发生的事情表现出自身的攻击性或表达反对时，冲突就会产生。所以，在咖啡厅的露台上就可能形成一个群体来对抗展现出攻击性的人。

个体创造边界，边界成就个体。一家公司就是一个法人的实体，即个体；一个国家、一座城市、一个群体也是个体……我们应该意识到，冲突通常会产生边界。

我们还应当从海梅的讲述中观察到一个人高声表达正义的必要性："不，你们没有错，这样的场景确实让人难以忍受，而且我不害怕面对冲突。"第三方对于群体的构建来说是很有必要的，第三方是领导者、统治者，一位像父辈一样角色。当然，第三方可以是女性，也可以是男性。

政治家应该就是在社会中扮演第三方角色的人。如果他们都是正派的人，他们就是建设者；反之，他们就是破坏者。

当某个政治家对年轻人发表"你们都是贱民"这类种族主义言论时，可想而知那些年轻人所遭受的暴力。但听众们遭受的看不见的暴力又是怎样的呢？与种族主义者拥有同样的国籍令人感到羞耻，这就是另一股我们不得不隐藏起来的能量，而这股能量迟早会再次出现。

任何被压抑的能量都会想办法释放出来并最终如愿以偿——无论是通过躯体化（心因性躯体化）表现出来，还是通过不当的行为（神经症症状）表现出来。因此，在本书另一部分的内容中，我们将对社会中看不见的暴力进行观察。

如果第三方构建了一个群体，那么他也会在孩子的成长和发展中对孩子进行构建。我们已经看到了伴随我们一生的两种力量：一种是向心力，希望带我们回到生命早期的融合状态；另一种是离心力，推动我们探索外部世界。第三方阐明了规则，将我们带出融合和迷茫的状态，并削弱了我们对全能力量的幻想。

“昨天，孩子的心情很不好。所以我让他爸爸去沙发上睡，我带着孩子一起睡。”

事实上，这并不仅仅是一种对全能力量的幻想。当父母中的某一方告诉孩子他很棒，自己比任何人都要爱他，或是允许他占据另一方的位置时，孩子就会从父母的言语中，或者说，从家庭环境中感到自己无所不能。

“我联系你是因为想知道我的儿子是否不正常。他很暴躁，无法忍受别人的拒绝，现在他让我感到很害怕……”

“他几岁了？”

“他14岁，但是这种情况从他7岁起就一直存在了。”

“他父亲在哪里？”

“我们分开已经8年了……7年前他们断绝了关系，自那之后他爸爸就不想再看见他了。”

如果孩子从父母口中或家庭环境中感到自己无所不能，那么这样的处境在外部环境中很快就会难以维持。如果孩子认为自己在学校也无所不能，他很有可能会发现自己站在了同学或老师的对立面。同学和老师将会成为第三方角色，迫使孩子放弃自己的幻想。

“也不是非得去学校，教育才是必要的。我决定把孩子留在家里，我亲自给他上课。其他孩子都太粗暴了！”

正如我们所见，有的暴力是建设性的，而这种暴力的缺席就意味着建设性的丧失。

当我们摆脱了一个男性家庭掌权者对妻儿有生杀大权的社会后，显然就会希望能够尽快进入另一个阶段。但是消灭所有攻击性，也会助长同样有害的、看不见的暴力。

而在这一切中，爱又在何处呢？或许爱并不总是如同我们想象的那样。

同情心

佛说："己自护时即是护他。"

在一个我们主要作为消费者存在，并希望通过消费品满足自己的社会中，"阳"的风评似乎并不好。当然，它确实也是父权社会的化身，在父权社会中，男性家庭掌权者拥有一切权力。

所以，我们如何想象阳性的爱呢？因为代表爱的形象更像是迪士尼的斑比而不是科克托的野兽[1]。如果说阴性的爱很

1 法国著名导演让·科克托（Jean Cocteau），他1946年拍摄的《美女与野兽》成为经典作品。——译者注

容易辨认，阳性的爱存在吗？

在一次有关病态自恋的会议上，我提出建议：若是处于一段有害的关系中，最好远离这样的关系，甚至是逃离它。一位在座的禅僧问道："那么你如何对待同情心呢？"

为了回答这个问题，我举了一个例子：想象一下，有个孩子摔倒了，如果你把他抱起来安慰，你就给予了他爱。我们把这种爱称为"阴性的爱"。如果这个孩子犯了错误或干了某件蠢事，而你想向他指明某种底线并让他牢牢记在心里，你就会采取强硬的行动甚至弄哭他。这也是爱，即"阳性的爱"。

如果你继续处于一段有害的关系中，你传递的信息就是：继续吧，你所做的一切都没问题。如果你真心想帮助对方，你就要画出一条界线：我受够了，我要离开了。那么另一方就会质疑自己，或发现自己处于相似的境地。但无论如何，你和这件事已经没关系了。佛说："己自护时即是护他。"

这可能对你们来说有些矛盾，但继续停留在一段有害的关系中是自私的，相当于继续停留在你作为受害者的“全能状态”中，并允许另一方继续他们的病态行为。受害者要想摆脱这种有害的关系，就必须接受失去“全能力量”，重新将注意力转移到自己和自己的意愿上来。

不！你不对这世间的一切罪恶负责（你没有那个能力）！

这主要是因为生命本来的意义并非避免让他人感到不安而阻止个人发光发热。

需要再次强调的是，设立边界也是爱的一部分。允许自己作为主体存在，就是允许他人作为主体存在。如果他人做不到这一点，解决办法就是远离这样的关系。

所有生命都有一个自然的演化过程，比如，种子发了芽，幼芽将会长成茎，茎上又会长出叶子，开出花朵。花朵为世界带来芬芳和美丽，然后凋零，将种子散落到大地上。等到下一个春天，又会开始这样的循环。

就这样，生命的意义让我们不断绽放并接受自己的凋零，让我们传递我们必须传递的东西，最终走向死亡。生命驱力带领我们前进，推动着我们走向死亡；相反，死亡驱力又想带着我们往回走，回到大地，回到出生前的融合状态——没有出生，就没有死亡。生命驱力推向的是死亡，死亡驱力推向的是生命尚未存在的状态。

在面对被抛弃的念头时，自恋者只关注自己的想法与不安情绪，为了永不凋零，他宁愿永不绽放。而病态者则千方百计阻止我们发光发热。接受死亡便是接受生命，拒绝死亡便是拒绝生命。

各位想知道该怎么办吗?

让自己绽放，做对自己有益的事……好好照顾自己。

看不见的暴力

正如我们所见，如果说一定程度的攻击性是具有建设性的，那么过度的攻击性所滋生的暴力就是具有破坏性的。表现出攻击性，说明我在尝试建立我的边界；表现出暴力，则说明我意图破坏他人的边界。因此，暴力似乎一直站在边界的对立面；换句话说，暴力总是站在个人主观性的对立面，无论这种主观性是关于身体、道德、动物还是自然[1]（例如，污染是对地球施加的暴力，也是间接性对人类施加的暴力）。

看得见的暴力都很容易定义。字典上的解释已经很清楚了："以通过蛮力表现或产生效果为特点，对某个人进行身体或精神上的胁迫，以煽动其做出某种特定行为。"

1　我们暂且不谈那些自我保护的驱力（吃、喝、睡等）。——作者注看不见的暴力更难定义，我们通常会在意想不到的地方遇到它，有时候它还隐藏在表面的善意之下。

马加利

一位母亲给自己的儿子写下了这样的话，我的儿子把它抄下来带给我看："母亲是为了成就你的今天而经受了苦难的人。她可以为了你牺牲自己的幸福和生活，她也是这个世界上最爱你的人。"

你对此有何看法？

布舒

我认为这是在施虐、操纵、指责，这是夺取权力的表现。首先，这话说明她把她的痛苦都归因于儿子。如果儿子爱母亲而母亲经受痛苦，那么他因此而感到痛苦就是合乎逻辑的。他要为此负责、为此痛苦，还要为此感到内疚。

但是来换个角度看这句话，请你试问自己：你愿意有人为你牺牲自己的幸福吗？你能想象你接下来要承担的罪过吗？

最后，她断定没有人会像她一样爱他。因此，除了母亲的爱，他注定找不到其他的爱。那我们现在所说的就完全是乱伦了。她掌控着儿子，将他变成一个变态或受害者，至少她让儿子面临一种忠诚矛盾，使他无法在母亲的怀抱之外找到爱。

马加利

不过，你又会对自己的孩子说些什么呢？

布舒

我会对孩子说：我相信你。

你不应该通过向孩子解释你为他牺牲了多少的方式来养育他，你应该帮助他回归自己的内心，让他相信自己，从而使他得到成长。因此在养育孩子的过程中，你有时会忘记这段关系中的自己。当父母向孩子解释自己为了他受了多少苦、牺牲了多少的时候，父母就将孩子变成了话题的中心；而通过告诉孩子“我相信你”，父母让孩子重新回归了自己的内心。

另一方面，如果说在一段以孩子或病人为主体的关系中忘记自己作为教育者或者关怀者的身份很重要，那么重新将注意力转移到自身的需求上来也很重要。

当父/母做了某件对自己有益的事时，他就是在告诉孩子，自己可以照顾自己，孩子并不是世界的中心。这同时也是一种许可、一种解脱，一种让自己重新将注意力放到自身的邀请。

自我牺牲（无论是真实的还是幻想中的），都是我们施加给他人的看不见的暴力。

病态的关爱

他们继续专心致志地大快朵颐……

——《糖果屋》[1]

看得见的暴力是显而易见的，而看不见的暴力可能身披意想不到的华丽外衣。善意也可能是暴力。

据朱丽叶所说，她就是被差劲的父母抚养长大的。成年后，她先是和一个残暴的男人有了两个孩

4 著名的格林童话：汉赛尔和格莱特兄妹被继母扔在大森林中，迷路且饥饿的他们来到魔女的糖果屋，专心致志地啃食美味的房屋，殊不知接下来魔女会假装善良地邀请他们进屋，实际上是想吃掉他们。——译者注

子，但是最终和他离了婚。之后，她又与一个行为不端的男人保持恋爱关系，在生下她的第三个儿子凯文后，她离开了那个男人。最小的儿子受到母亲和哥哥姐姐的宠爱，他应该什么都不缺，也没受过任何委屈。由于朱丽叶总是遭到他人的否定，所以她总是努力满足儿子的一切。家里的食品柜里塞满了糖果点心、涂面包的果酱，还有饮料……结果，凯文10岁时体重就达到了90公斤。社会服务机构建议将孩子从家里接出来，托付给一家机构照看，在那里他可以养成良好的饮食习惯、进行体育运动并接受特殊教育。母亲接受了建议，但是这家机构拒绝接收凯文，因为他患有非酒精性脂肪性肝炎。

我有幸认识了朱丽叶，她是一个非常友善的人。关于她，我们应该谈论暴力的话题吗？事实上，我几乎不敢将纯粹的施虐与这样一位母亲联系起来。这样的暴力是有意识的、下意识的，还是无意识的？无论如何，现实情况就是这个孩子处于极大的危险之中。

当然，在一个人主要作为消费者而非个体存在的社会中，有些人很难理解真正的快乐和适当的平衡与媒体营销的东西是对立的。

我们并不是要去评判朱丽叶，我们已经知道任何评判都会令对方成为讨论的主体，而我们的重点是关注自己并改变我们自己对世界的看法。我们要摆脱自身的某些限制，这些限制才是针对我们和周围世界的真正的暴力。

教育孩子就是拯救孩子！

比如，如何看待斋戒？我们如何让人明白，经历困苦也可能是快乐、幸福和健康的源泉？我们的精神架构让我们难以理解这一点。试着和周围的人谈论这个话题，你就会看到其他人极度夸张的反应。这种无法应对匮乏的情况就是暴力的根源，这样的暴力是针对我们自身、他人还有整个世界的。

或许是时候放下我们的信仰，重新看待其他生活方式了。

国王是奴隶

国王是历史的奴隶。

——托尔斯泰

如果某些形式的关爱是绝对的暴力，我们在此便能再次证实看不见的暴力对健康的害处。

卡蒂

我的弟弟伯尔纳多一个人住。他一感到焦虑就喝酒，喝醉的时候他什么事情都做得出来，甚至会演变得暴戾。他经常半夜打电话给我，要求我去照顾他。要是我不答应，他就会在家里乱砸一通。

> 尽管我也不愿意，但最终我还是要求他去住院了。我本以为这会让他很不愉快，但事实并非如此。如果在医院饿了，他自己会吃饭；如果需要陪伴，他在那里也有朋友；如果他感觉不舒服，有护士会照顾他。自从我要求他住院后，他变得更平静了，还经常自己要求返回医院。

没受过任何挫折的孩子难以与母亲分离。卡蒂的弟弟伯尔纳多就是这种情况，他是三姐弟中唯一的男孩。他的妈妈“终于”把儿子盼来后，就动员了全家人一起照顾他。他的姐姐们必须搬到他的房间睡觉，这样他口渴时她们就能立刻把水递到他嘴边，他觉得冷时，她们就能立刻给他盖好被子。伯尔纳多从来没受过任何挫折，也从未形成复杂的心理结构，这导致了他成年后的行为建立在脆弱的心理结构和儿童的反应之上。

看似出于关爱或善意的行为，事实上又一次成为施加在伯尔纳多身上的罕见的暴力，不过这样的暴力同样也针对他的姐姐们。他是父母期待已久的“国王”，姐姐们则变成了他的奴隶。事实上，子女有时会成为父母想象中的奴隶。

当涉及暴力时，我们很难想象“阳性的爱”。我们之后还敢用阴与阳这样的术语来解释它吗？可能我们会得出这样的结论：看得见的暴力来源于过多的阳性能量，而看不见的暴力则来源于过多的阴性能量。存在着某种与暴力完全一样的善意。

为了放心接受这一发现，让我们再回到一瓶好酒的例子上来。没有酸或酒精的红酒，就是没有味道的液体，但是如果将酒精或酸分离出来，它们就是有毒物质。爱与恨也是如此，或者说，至少“关爱”与攻击性也是如此；再简单点说，赞同与反对也是如此。前者过多就会形成无趣的特质，后者过多就会形成专横霸道的特质。

我们更加清楚，过度理想化的欲望是有害的。以这种理想化的名义，我们可能会试图消除自己性格中属于阴或阳的组成部分。

无差别化

之前我以为，我们的某些态度是一些人想摆脱父权社会的象征。如果女权主义是一场人文主义运动，要求女性也能够按照自己的想法自由绽放，那么这种主义就是正确的。然而，貌似有些激进的女权主义倾向于无差别化，甚至将女性与男性对立起来。但是我们需要差别的存在，争取平等的斗争不应该趋向无差别化。

如果在普遍的想象中，善良是一种品质而攻击性是一种缺陷，且这种善良被归于女性，对抗则被归于男性，那么为了达到理想状态，我们可能会倾向摆脱其中的一种特性而追求另一种。

> 希腊女神忒提斯住在一座小岛上，她在岛上只找到了一个能和她繁衍后代的人类。于是两人结合生下了一群孩子。忒提斯无法接受自己孩子身上属于凡人的部分，因此便找到了一种能让这部分消失的方法。这种方法很简单，只要将孩子扔进火中，他们身上属于凡人的部分就会消失，只留下属于神的不朽的一面。但是这种方法没有生效，孩子们一个接一个死去。轮到最小一个孩子时，她才改变了方法并取得了成功。她将她的孩子带到分离生与死

的冥河河畔，抓住他的脚后跟将他浸入水中。于是，年轻的阿喀琉斯像他的母亲一样获得了永生，除了脚后跟外，他和他的父亲没有任何共同点。

忒提斯试图消除孩子们身上所有关于他们父亲的痕迹，无论这会给他们的身心健康带来怎样的影响。似乎只要没有第三方，差异就不存在，从而个体也就不存在了。神话中的主人公和国王一样，都不是独立的个体，只是一个注定象征他人幻想的物品罢了。

莱蒂西亚在她的第三个儿子出生后提出了离婚，离开孩子的父亲后，她就能独自抚养孩子了。

每次孩子犯错时，她都会对他说："你真是跟你父亲一模一样。"于是孩子被迫改变自己的行为举止。当她不得不将孩子托付给他们的父亲时，她会提醒："要是他对你不好，你有权请律师。"

显然，只要父亲对孩子们大声一点，他们就会说："妈妈跟我们说过，我们有权请律师。"然而当别人询问孩子们时，他们都声称父亲从未虐待过他们。

老大7岁前都是有父亲陪伴的，十几岁时他要求和父亲一起生活。事实上，他现在正和伴侣同居，也有一份前途不错的工作。

老二则是6岁前一直有父亲陪伴。到了青春期，他更喜欢窝在自己的房间里打游戏，在游戏中他可以成为打不死的英雄。后来，他成了一名游戏设计师，目前独居。

第三个孩子对自己的父亲知之甚少。他未完成学业，没听说他有伴侣或朋友，他一直和甚为宠爱他的母亲住在一起。

全能的存在很难拥有实体

观察过莱蒂西亚的人都会说，她独自抚养3个孩子，非常善良、亲切和勇敢。然而，她对并未遭受任何攻击的孩子们说“你们有权请律师”的行为，实际上是在施加一种罕见的暴力。她在试图借助某个代表权威的角色来完全抹去父格定式[1]的痕迹，这种做法对母亲是有利的，但是我们永远不会看

1 父格定式是一个位置、一种功能，介入母子之间想象的二元关系，让两者之间出现必要的“符号距离”。——译者注

到这个代表权威角色的实体。

当孩子们诉说不满时，他们就被带去看医生；但是当孩子习惯了专家的治疗手段后，母亲又会换另一个医生。于是，孩子就会接受几十个医生（精神科医生、心理学家、精神病专家、职业治疗师等）的治疗。但是别搞错了，这个例子中我们分析的是这位母亲，她通过不断更换医生展现她的全能力量——她才是拯救孩子们的人。

似乎正是与父权的对抗，才使她较大的两个儿子找到了融入社会的平衡点。相反，父亲在第三个儿子成长过程中的缺席，并不利于让孩子摆脱全能幻想。

婴儿有需求的时候，只要大声喊叫就能得到满足；通常，由于母亲十分关注孩子，孩子甚至还没思考，自己的需求就已经得到满足了。如果孩子没有经受过挫折或面对过第三方，他就会一直坚持某种“魔法”思维，认为自己的需求总会神奇般地被满足。因此，他们没有动力来付出丝毫努力以获得自己想要的东西。在极端的情况下——比如伯尔纳多的例子——他面对挫折所受到的冲击是如此强烈，以至于危机产生了。我们需要再次谨记：向心为阴，是向内的力量；离心为阳，是向外的力量。

> 东欧也有一些能够让人受到启发的传说故事。从前有个老疯子叫闵希豪森，他是德国鞑靼人，这个老兵受雇保卫着城市。他总是告诉任何愿意听他说话的人，说他有几个非同寻常的朋友能拯救这个国家。但这位所谓的闵希豪森男爵除了自己声称的会装填能穿越敌军防线的炮弹之外，没有其他什么真本事了。不过，如果他被允许离开所驻守的城市，他就可以去找他的朋友们。其中一个朋友在月亮上，和月球人的国王在一起；另一个在埃特纳火山[1]的底部；还有一个朋友被鲸鱼吞进了肚子。但是男爵认为，只要能放他离开，他就肯定能将这些人带回来。
>
> 精神病专家们以他的名字命名了两种病症，其中之一就是闵希豪森综合征[2]。事实上，有些父母事

1 意大利境内的一座活火山。——译者注

2 又叫孟乔森综合征或佯病症，特点是装病成瘾。患者会编造出种种故事来欺骗医生，达到住院的目的。——译者注

实上，有些父母会故意让自己的孩子生病以便带孩子去看医生来救治他们。一个健康的孩子对父母的需求相对较少，而不健康的孩子则会让父母过度保护他，并让父母成为拯救他的人。

所以，那些想让自己的孩子无所不能、青出于蓝胜于蓝的人，实际上是在寻求自己的全能。最终，这会导致他们的孩子在真实世界中感到无能为力。

我们无须害怕这些悖论：

我们对于全能的追求和我们的无助感是相对平衡的。
放弃对全能的追求，我们就能拥有最大的力量。

母亲让出父亲的角色很重要，但是显然，父亲的参与也很重要。社会工作者劳拉为我提供了一些有启发性的例子：

伊莎与胡安·巴勃罗

他们两个人十几岁的时候就认识了，从伊莎找到第一份工作（当老师）起，两人就一直处于同居状态。胡安总是在换工作。他是个和善亲切的人，一天到晚对着电脑。

他们有了第一个孩子。伊莎早上起床洗漱完毕后就照顾女儿，把女儿送到托儿所，然后开启一整天的工作。晚上下班回家，又是一样的场景……

那胡安·巴勃罗呢？他工作的时候没时间照看孩子，晚上又要放松一下，所以他晚上就在打电脑游戏。如果伊莎坚持要他帮忙，他也会帮，但总是唉声叹气。有了第二个孩子后，他依然这样。

如何定义这样的行为？把日常生活的重担都交给妻子承担，还敢指责她“你总是很累，脾气也不好……”这难道不是看不见的暴力吗？

他总是以“我太累了”“我的工作让人筋疲力尽”或是“我找不到工作，感觉很沮丧”等虚假借口为由，不去照顾女儿。你认为胡安·巴勃罗逃避自己的责任，是伊莎的错吗？没有人能强迫别人参与孩子的教育。可以说，他是一个“诈尸式育儿”的父亲。

对于母亲来说，这是绝对的暴力。而在其他人看来，胡安·巴勃罗是个招人喜欢的人，没有什么可责备的。

至于他的女儿们，他只是看着她们长大，从来没对她们说过一句重话，从来没对她们吼过，但是他也从未和她们互动过。我把他称为“植物人”父亲。

索菲亚和维森特

几年前两人住在了一起，维森特是索菲亚的初恋。两人都是自由职业者。维森特当时欺骗了索菲亚，但她什么都不说，不想失去他。他们的两个女儿由维森特照顾，但是他告诉她们，在妈妈眼中，比起待在她们身边，工作更重要，幸运的是她们更像爸爸，等等。他总是微笑着说这些话。

维森特后来决定抛弃索菲亚。房子是属于他的。一天，当索菲亚下班回家时，他把她的行李扔到大街上，把她赶出家门，让她带着两个女儿离开。那一刻，索菲亚的世界崩塌了。她带着女儿们回到了自己父母家。

在家事法官的庭审中，维森特申请女儿的监护权，他提出的理由是：“请您理解，索菲亚无法抚养我们的女儿。她在服用抗抑郁药物，是个脆弱的女人。孩子们需要我给她们安全感。她们的母亲住在一间小公寓里，而我有自己的房子，并且已经重建了我的生活，孩子们放学回家时家里总是有人的。而索菲亚做不到这些。”

法官裁定两人共同享有监护权。如今7年过去了，这位父亲还是当面一套、背后一套。

结局：索菲亚没能重建自己的生活。他们的大女儿为了躲避父亲而寻求心理医生的帮助，小女儿得了Ⅰ型糖尿病并有自残行为。

语言的世界

佛说：“万法唯心造，诸相由心生。”

如果说有一个地方可以滋生看不见的暴力，那么这个地方就是语言的世界。令人意想不到的是，语言本身就是一个世界：我可以成为某人口中的神，也可以成为另一人口中的恶魔。

“温特尔说我是个笨蛋，我很难过。”

“那你是笨蛋吗？”

“不，我不这么认为。”

“那为什么你会觉得难过呢？”

“因为在温特尔的口中，我是个笨蛋。”

摆脱无差别化，最终归结于构建自身。构建首先从设想一个“非自我”的世界、一个自身之外的世界开始，有了解（接受）现实的意愿，最终能够表达愿望和反感，并与第三方互动以获得帮助：“我想……（我饿了）或者我不想……（我冷）。”当涉及自我保护的需求时，事情比较简单，但是已知我们的世界本质上是抽象的，那些我们思想中更为抽象的方面又是怎样的呢？

我们作为孩子，面对这样的抽象概念时又是怎样定位自己的呢？当孩子刚刚开始接触世界时，除了从别人口中听到的世界，对于我们这个世界，他又知道些什么呢？如果你告诉一个孩子“你长得可真好看”，他就会觉得自己长得好看；告诉他“你长得丑”，他就会认为自己丑。这与现实审美之间没有任何联系。我们必须接受这个（抽象的）语言世界的存在，它有着自身的法则，与现实是不同的。

我们的心理是围绕各种联系构建起来的，我们的社会也是如此，而且似乎二者之间的关系越来越紧密。在我们祖父母生活的那个时代，他们可以凭借自身的行为得到认可（打仗、创造、拥有一个大家庭、职业上的成功等）；而如今，我们通过社交网络上的点赞数量来获得认可。在祖父母那个时代，一个卷入贪污事件的政客或许会通过自杀的方式来证明自己的清白；如今，这种肆意妄为的政客说不定还能参加总统竞选。

我们生活在一个日益抽象的世界中。然而，似乎看得见的暴力主要发生在具体的一面，看不见的暴力则主要发生在抽象的另一面。

我们已经知道，孩子在父母的言语中（抽象的）可以是无所不能的，但当孩子面对外部世界（具体的）时就不是这样了。除非孩子有办法使这个语言的世界永存并把其他人也关在这个世界里，否则这样的全能力量就无法得到证实。

部门领导脸上挂着微笑说："我信任你，想要交给你一个任务……"然后交给下属一项无法完成的工作——要么时间太短，要么方法不对，或是单纯因为下属能力不足，这项工作根本不可能完成。之后，上司可能会苦笑地看着下属说：“你让我失望了，但是我猜你也已经尽力了……”

这种事情看似微不足道，可如果这种情况反复出现，就会导致人生病、内耗、抑郁甚至自杀。这个部门领导通过强调对方的无能来让自己感到无所不能，但是事实上他什么都没做。或许，他最好正视一下自己自恋的缺陷。

放过自己，就是放过他人。

放过他人，就是放过自己。

种族主义与恐惧症

看到别人的不足很简单，难的是看到我们自己的缺点。

对恐惧症和种族主义的研究，尤其是对分裂和投射这两种构成暴力行为的基本机制的研究，能够在很大程度上帮助我们了解看不见的暴力。

如果我们只想展现自己的正面形象，我们就会将自己的性格一分为二，展示好的一面而将有缺陷的一面隐藏起来。但事情并没有这么简单，因为被压抑的一面很快会需要被释放和展现出来。联想到类似的痛苦是很容易的，尤其是当我们无法面对我们“面具”上哪怕最小的污点时。在极端情况下，这样的分割可能会导致人格分裂、精神分裂症，就像著名的杰科博士和海德先生[1]的例子一样。

为了解决这个问题，将我们面前的事物分裂开来看待，以及将内心困扰我们的事情投射出来，似乎都是有效的办法。为了克服这种内部的分裂，我们会将眼前的事物分割开来看待。比如，将社会一分为二：白色和黑色，男人和女人，富有和贫穷，同性恋和异性恋，等等。然后将那些困扰我们自己的事情投射到与我们不同的人身上（投射性认同）。

在所有形式的种族主义中，包括与种族、社会和性别相关的各种歧视，都可以看到这样的行为。

但是，这个陌生人是谁？这个人好像承载着我讨厌自己的一切。

---

1 小说《化身博士》的主人公。杰科博士热衷剖析人性中的善与恶，因此他致力于通过药物将二者分离。他利用研究出的药剂，成功将自己人性中恶的一面分离了出去，但却催生了一个独立的人格——海德先生。——译者注

注意，无论如何都不要将某些创伤后应激反应症状与恐惧症混淆。

瓦妮莎

“是一只狗治愈了我对狗的恐惧症。”

“你这话什么意思？”

“我一直害怕狗，直到有一天，一只大狗闯进了我的花园。起初我看到那只大狗时十分害怕，但是它离开了。之后它常常来花园转转。逐渐地，我们就熟悉起来了……”

“或许你知道你的恐惧从何而来？”

“知道，有段时间我在附近送邮件。人们经常忘了关上花园的门，我被狗袭击了好几次……”

瓦妮莎的情况其实不应该称为恐惧症，而是基本的正常感觉。她的感受是创伤后反应引起的。如果你被狗袭击了好几次，当然会对它们保持警惕。当危险临近时，身体和精神都会发出警告信号，并导致我们在面对压力来源时的过敏反应。

在恐惧症中，恐惧的对象只是痛苦根源中很小的一部分。人们害怕的是主体赋予恐惧对象的意义。谁会对一只不会伤人的小老鼠感到恐惧呢？除非我们害怕的是某种象征意义。恐惧对象不是我们应该观察的重点，重点是关注主体本身。

除了创伤性的案例（我的祖母经历过法国被德国占领的时期，所以她不喜欢德国人）之外，种族主义（社会、性别、种族）也是建立在对事物的分裂和投射性认同的机制上的。这些都是病态自恋的机制。

> 小汉斯害怕马。在对他进行分析的过程中，我们发现他对自己的父亲有着模糊的感情：嫉妒、爱、恨、恐惧……似乎他对马的恐惧，能够缓和他与父亲之间的关系。在将他的恨与恐惧投射到马身上后，他才能平静地爱他的父亲……

利用防御机制总是有好处的，汉斯就利用了分裂和投射的机制。他将自己的感受一分为二，并将一部分投射到他的恐惧对象上，另一部分则投射到他的父亲身上。恐惧症带来的不适感使他在别的地方找到某种安慰。精神分析使汉斯了解并重新与自己的感受达成了和解。之后，恐惧症自然而然消失了。

利亚

“我从来没跟你说过我害怕鬣蜥！”

“事实上，这确实挺出人意料的。不过，为什么你今天想聊这个呢？”

“因为我今天看到了一只鬣蜥，但是我已经不害怕了……”

“那是什么让你想到鬣蜥的呢？”

“小时候，我奶奶家的电视机上有一只鬣蜥样子的毛绒玩具。有时候妈妈把我送到奶奶家就走了，于是我就很焦虑，这时奶奶就带我坐到电视机前……”

利亚虽然从来没提及她的恐惧症，但她似乎已经痊愈了。当时她刚刚进行了耗时很久的精神分析，过程中她细致讲述了对母亲的感受。在与母亲关系缓和的同时，利亚发现她的焦虑也减轻了。当她投射焦虑的恐惧对象变得不必要时，她的恐惧症就消失了。当症状不再起到任何作用时，它就会消失。

> 在一次研讨会上，参与者围坐成一个圈，坐在我对面的是一位女士。她经常反驳我说的话，有时候她很喜欢证明我说的是错误的，所以她总是问我一些模棱两可的问题，让我陷入困境。我感受到了强烈的攻击性。然而当我们谈到恐惧症时，她主动说起了她小儿子的例子。她儿子10岁，害怕鲨鱼。我脑海中立刻浮现了一句俗语——“妈妈的尖牙”。之后她说她带儿子去见了一位行为心理学家，他试图让孩子习惯鲨鱼的存在。为此，他先是送了孩子一张鲨鱼的小照片，之后在另一次会见中，他又送了孩子一张相同的放大版的照片。最后，他建议母亲买一只鲨鱼毛绒玩具送给儿子。这样一来，这个孩子很快就不害怕鲨鱼了。

我们已经知道，恐惧症和其他任何防御机制一样，都会起到一定作用。然而，有些恐惧症却可能让人失去行动能力。想象一下，要是害怕马的汉斯生活在1900年的维也纳，他该怎么办？不过我认为，法国南部这个鲨鱼恐惧症的案例应该采取不同于行为疗法的方法。为什么不研究一下这个孩子和他父母之间的关系呢？

恐惧症和看不见的暴力之间有什么关系？

任何未得到解决的冲突和被压抑的冲动都带有一定的负面攻击性，这样的攻击性会向外（攻击、恐惧等）或向内（焦虑、抑郁等）释放出来。具有攻击性是因为受到了来自外部世界的外因或来自内心世界的内因的刺激，但是冲动总是内源性的，在人的内部发挥作用，然后得到释放或被压抑。

看不见的暴力会产生内部冲突，这是因为我们不知它从何而来。了解我们内部冲突的来源，是让我们得到释放的环节之一。我们遭遇挫折的根源往往与我们的文化或我们对文化的理解有关。

文化，或者至少从文化中产生的道德，就已经可以称为暴力了，因为道德有时会阻止我们采取行动并迫使我们压抑某种冲动，于是我们内心就会产生新的冲突并需要释放出来。道德是一种暴力，因为它限制了我们，但同时它也令我们感到安心。“你不可以杀人”意味着我不能这样做，但同时也意味着其他任何人不能对我这样做。

但是，当这种道德是致命的时候，又会发生什么呢？

路克

“在我小时候，我爸爸经常会对我说：‘你要是个同性恋，我就把你杀了！’有时候我焦虑发作起来很严重……如果这样下去，我觉得我会自杀……”

“什么时候会出现这些焦虑症状？”

“当我和朋友一起出去的时候……另外，我现在一个人住，而且我已经和任何人都没有联系了。”

如果在我们童年时期建立规则的人的口中，冲动与死亡是同义词，我们又如何应对冲动呢？如果自己个体的同一性意味着死亡，路克又要如何接近并了解自己呢？

有一种恐惧症可以帮助应对这种情况——同性恋恐惧症。我认为，同性恋恐惧症不可避免地象征着某种投射到他人身上的同性恋冲动，所以其严重程度和病人的同性恋程度本身是成正比的，也与病人自身所处的文化严苛程度成正比。

路克父亲的话极具暴力，他的话影响了儿子的一生，还可能导致他自杀。除此之外，我认为路克的父亲明显将自己的同性恋冲动投射到了儿子身上。有些暴力变得不可见，是因为它们已经被文化证实了。

各位对接下来这个案例怎么看呢？在某个国家，同性恋是要被处以死刑的。一名青年既展现了自己的同性恋恐惧症，又展现了他对于同性恋环境的迷恋。他总是寻找当地同性恋团体的约会场所，还总是光顾一家同性恋酒吧。有一天，他看见两个男人在亲吻，于是回家拿了两把枪和弹药，回到酒吧射杀了100人，其中50人死亡，还有相当多的人受伤。

我们同时看见了所有驱力——杀戮的欲望、对自己性取向的不确定性、攻击性，等等。这些都是很常见的驱力。

我们难道不该以一种更包容的眼光来看待那些戒律吗?某天你有杀了某人的想法，这是很正常的，但你并不会这么做。

人们理应彼此爱护，但是如果目前你做不到这一点，这也不是什么很严重的问题。每项规则都有其矛盾的一面。如果你此时意志消沉，那此刻你就无法去爱别人，你也会对无法遵守这一规则感到内疚。

难道我们不应该减轻施加在孩子身上的重担，而非抑制他们的冲动吗?

当我们的孩子不再为自己“不好”、自己不是父母永远不会抛弃的“好孩子”而焦虑，他们就不再需要使用上述机制了。如果他们没有感受到自己受到不当的评判，他们就不需要分裂自己；如果他们不认为自己身处危险，就不用把自身的痛苦投射到他人身上。种族主义和其他许多恐惧症一样，有可能就会自然而然地消失，分裂与投射将不再被需要。

拒绝冲突

圣人之怒比魔鬼之怒还要可怕。

——克里斯提昂·博班（Christian Bobin）

两种对抗的能量相遇时，冲突就产生了。如果我想去海边而我的伴侣想去爬山，我们之间就会产生冲突。某种新的规则会从解决冲突的办法中产生：或许我们这周去爬山，下周去海边；或许我们去看电影。冲突可能是内部或外部的。看不见的暴力通常来源于不面对冲突。

亚历杭德罗

她告诉我她想出去和她的前男友喝杯咖啡。如果你曾经爱过某个人，偶尔想跟对方见一面也是正常的，所以我告诉她，我理解。

但当她回到家时，我感到十分紧张。我什么都没跟她说，但是那天晚上我难以入睡。第二天，我俩为了一件琐事吵架，之后的一整个星期，我的心情都不好……事实上，我并不支持她见她的前男友。

我们可以理解亚历杭德罗：或许他内心缺乏自信，或许他有过被背叛的经历。但那并不是关键点。事实上，亚历杭德罗宁愿自己分裂，也不愿意面对自己的冲动。他在开放包容的价值观和想象女友与别人在一起的痛苦之间分裂，并且倾向肯定前者而闭口不谈后者。但是，我们闭口不谈、压抑或搁置一边的事情，总会通过某种方式释放出来。从他的经历来看，这些事情都通过睡眠障碍和潜在的坏情绪体现了出来。

未说出口或被压抑的冲突，应该视为看不见的暴力。被回避的冲突继续在我们内部发挥着作用，而这些未说出口的冲突总会以这样或那样的方式体现出来。

他的女友可能会因为不明白问题出在哪里而感到内疚或不适。除此之外，误解（还未发生或已经通过不好的方式体现了出来）可能成为我们痛苦的原因，亚历杭德罗的女友最后可能会因为他的坏脾气选择离开他或欺骗他。

我们要想能够保持良好的运转，就需要有表达自己内心想法的能力。如果亚历杭德罗告诉了他的女友他的真实感受，她或许就能够理解并让他放心，这么做或许还能使他们更加亲近、亲密，更加信任彼此，而不会使他们分开。

拒绝冲突是看不见的暴力最主要的原因之一。

高敏感

高敏感的原因是各种各样的，可能纯粹是生理上甚至是心理上的原因。高敏感的原因通常与对各种刺激的过度感知有关，但是也与处理刺激的过程相关。

为了支持这一见解，我想说明以下3点，它们毫无疑问是某些高敏感反应的根源：由中止的刺激引起的攻击，对入侵的恐惧，以及过度警惕。

中止刺激

我们每时每刻都会接收到数以百万计的信息，但事实上我们只能处理其中的一部分，甚至只是通过主观的视角来理解这些信息。比如，如果一个人在街上朝我们走来，我们立刻会问自己：他是高是矮？是善是恶？事实上，受到自身信仰、文化和对人际距离需求的影响，我们对现实的观察是主观的、经过过滤的。

现在让我们想象一下：朝我们走来的这个男人冒犯了我们。或许我们会说："他是个流浪汉。""他喝醉了。""这个可怜的家伙可能患有精神分裂症。"我们用这种理智化、合理化的想法过滤了现实，降低了对方攻击的有效性。我们将这种主观化称为"中止刺激"，因为它减少了攻击性刺激的影响。

现在我们再想象一下：这个朝我们走来的人不是陌生人，而是某位亲戚或朋友。那么中止刺激的护盾就不会被触发，而且可以肯定，如果这个人冒犯我们，我们会完全感知到这种攻击性并受到严重的伤害。

伤害的严重程度相当于
攻击性的强度乘以对方语言的反转性

所以我们知道了，如果我们想伤害某人，最好是从客套的话开始：“你知道我是喜欢你的，但是我得承认，你确实挺讨厌……”自相矛盾的沟通是一种暴力，因为它除了造成伤害，还会击溃我们的心理系统。我们会对看不见的暴力高度敏感，无法充分意识到正在发生的事情。

心理学家卡米莉亚·艾尔·海特（Kamelia El Haite）表示：“表观遗传学是关于经历对大脑结构影响的科学研究。人们认为个人经历有利于某些基因的表达，从而对个人行为产生影响。为了维持心理平衡，某些重要的神经递质例如血清素、多巴胺和皮质醇也会受到过度刺激。”

入侵

有些人将外界的刺激视为入侵。我们每个人都需要周围有一定的自由空间，而这一空间因人而异。我们只能在对方尊重我们与对方之间距离的前提下，接受对方的存在。毫无疑问，我们每个人都经历过某人离我们太近并侵入我们的空间，而让我们感到不适的时候（例如有些人无法忍受电梯拥挤的空间）。

如果上述的“空间”明显指的是物理上的空间，那么它其实也是听觉、嗅觉、视觉等感官上的空间。所以，如果某些人在童年时期被人厉声呵斥或不被人尊重隐私而受到伤害，从而觉得自己受到了侵犯，他们就可能变得高度敏感，将任何刺激都视为入侵，或无法忍受噪声、气味等任何被认为具有侵入性的外界刺激。

这里，伤害的强度也等于攻击性的强度乘以对方刺激的反转性。试想一下，某个你不喜欢的人满身臭味或说话很大声，我们就会将他视为一种对自身的攻击；但是再想象一下，如果他是个小孩子呢？或许面对同样的情况，我们反倒会一笑而过。

过度警惕

我们中的一些人在危险混乱的环境中长大，并获得了相较常人而言处理更多信息的能力。这通常发生在具有高心理潜能的成年人身上，他们习惯网状的思维方式，因为他们之前被迫以树状结构的方式思考，即同时处理好几条信息。成年之后，这可能会导致他们无法忍受过度的刺激。他们可能倾向孤立自己以接受更少的信息，但是由于他们能够比他人更快地捕捉信息，所以他们对环境的感受是不同的，也不能理解为什么其他人不能感知到同样的信息。

高敏感的人相较常人而言，能够捕捉并处理更多信息，有些人还倾向过度解读信息。

> 在我小时候，身边的气氛总是很紧张。于是不知不觉中，我学会了解读所有预示情绪激动的迹象。我遇到了一个年轻的女人，她导致我身上出现了所有你所描述的症状。我记得仅仅是她脸上的一个表情，都能让我感到紧张。更糟糕的是，她一个小小的动作都会影响我的行为，这让她感到很不安。而我认为这都是我的责任。
>
> 我问自己："为什么要再三强调这个？"
>
> 或许是为了能够让他人的疯狂行为有一个名

字，为了最后人们会说：“不！这不正常！”

你总是问自己，为什么你的书有这么大的好处。其实仅仅是因为你解释了这种现象：“不，你不是在做梦，你正在经历的事情是不正常的。”

之后我们再回头来看这一点，而且我们将了解到，在意识到高敏感的源头后，我们就能将呈现在眼前的信息相对化，从而减轻从看不见的暴力中遭受的痛苦。

资优者（极其出色的人）及其与世界的关系

由于资优者捕捉和处理大量信息的能力，他们可能会被边缘化，因此而无法忍受他人的不宽容。

海梅（资优者）

从小我就觉得周围的世界不正常。我认为我的父母、祖父母都不正常，上的学校也不正常，当然，我的上司们也不正常，更别说同事了。对有些人来说，我是个有创意的人，对有些人来说我就是个疯子。而我想，对于你这个精神分析医生来说，发现自己之外的反常倒是忽视自身反常的好方法。

但是，如果老师因为父母早上送孩子迟到就对孩子大喊大叫或给孩子难堪呢？

我们经常在表达自己时将疯狂与独特性混淆。确实，在自由言论的幌子下，我们的社会总是拒绝接受差异，好像差异意味着危险，而那些不按常规思考的人很快就会被边缘化。

在接下来的内容中，我们会回到病态自恋者的话题。需要注意的是，资优者常常会落入那些操纵者的魔爪。

资优者有一种发自内心的需要想去理解发生在自己身上的事情。然而，自恋型操纵者的特点在于他们能够随意攻击，他们的行为仅仅是为了发泄愤怒和羞辱对方。

一位年轻的患者给我举了这样一个例子："想象一下，你想和某人踢足球，于是你们在墙上画好了目标。你瞄得越准，射门就越用力，球击中目标的概率就越大。"

要想逃离病态自恋者的魔爪，

就必须明白对方的话纯属无稽之谈。

无论如何都不要陷入那样的关系里。我们可以通过读书或与他人辩论明晰事理，但是之后，这本书或那个与我们辩论的人就会成为第三方。在那样的关系中，正是第三方的存在令人无法忍受（因为我们很快会发现自己被孤立了）。但是那些资优者往往想让折磨他们的人明白他们造成的伤害，以及改变的必要性。“我非常希望他能理解我”——这样的话我已经听过很多次了。

观点越正确，球砸到脸上就越痛。这种疼痛会持续很久！

抱怨

抱怨或许是促使人们采取行动的首要因素，但是我认为，事实上抱怨通常是一种否认。

注意，否定是否认的一种形式，其中重要的部分被承认是存在的，但是它的意义却被清空了。比如，你说了什么话但遭到了别人的指责，如果你说："我没说过那样的话。"这就是否认。如果你说："我是说过那样的话，但我不是那个意思。"这就是否定——承认说过的话，但否认它的含义。再举一个例子：如果一个人实施了暴力行为，之后又用"他自找的"或是经典的"打是亲骂是爱"这样的话为自己开脱，那么暴力行为得到了承认，但是责任却被否认了。不仅如此，愧疚的重担也被颠倒了——"毕竟，这是他自找的"。否认和否定是病态自恋中常见的机制，但不仅限于出现在病态自恋中。

有时候，让自己陷入抱怨中是说出问题但不采取实际行动的好方法。资优者经常发现自己拥有大量无法处理的信息，因为他们觉得自己是唯一看到这些信息的人。于是这些过量的信息被视为暴力，只能被表达出来，因为那些天赋异禀的人觉得自己孤立无援，无法采取行动。

海梅

我看到操纵以及看到个人和群众的行为举止都像乌合之众时，是有多么烦心啊，要是你能体会到就好了。我很早就知道政治不是被左翼和右翼一分为二的工具，而是同一个系统。在我们父母那一代，确实，右翼掌权，左翼在野；当右翼采取了让民众不满的措施时，人们就上街游行，政府也会重新审核他们的决定。如今不同了，如果右翼的阿兰·朱佩（Alain Juppé）提议通过某项法案，人们就会走上街头。于是我们用左翼的利昂内尔·若斯潘（Lionel Jospin）取代他；而若斯潘想通过法案，也是一样的。甚至，我们拥有的其实是同《马斯特里赫特条约》（即《欧洲联盟条约》）一样通过全民公决的模拟民主，法国民众一开始对它是拒绝的，不过后来它换了个名字实行罢了。只要你能通过法案，民主也挺好的！然而，我们新的执政者似乎更喜欢法国宪法的第49条第3款[1]。至少这里没有虚假的民主。我们已经从看不见的暴力向看得见的暴力过渡了。

有句东方格言说，问题若有办法解决，就不必担心；若没有办法解决，那担心也没有用。海梅似乎陷入了无休止的

1 根据这一条款，法国政府有权对法案“承担责任”，绕开国民议会表决，直接通过对应法案。自1958年法国宪法实施以来，这一条款已经被多次使用。——译者注

推理中。他可能有兴趣成为某个团体的积极分子，但是顺其自然对他来说也挺有趣。过度思考让人筋疲力尽而且往往没有成效。之后我们会谈到关于冥想和顺其自然的内容。

海梅

现在是世界末日。官方表示，只要保持站立，就可以去海滩，人们称之为“动态海滩”。如果你单脚跳着去了海滩，你就是个好市民；如果你坐下了，你就是罪犯。为了避免这种情况，我们在周日晚上8点去了野外一个平常没人的海滩。确实，周围数百米内，只有4个孩子凑在一起分享冰淇淋，还有3个年轻女孩坐在一起旁若无人地有说有笑。我们也坐了下来。突然，一架直升机从云中冲出来，向我们俯冲，又在最后一刻避开了我们。当我抬头看时，我看到飞机驾驶舱那里写着“宪兵队”几个字。我不禁想道：确实，他们正处于交战中。无论如何，他们已经赢了，那些女孩已经停止了说笑。

我们的世界是我们自己创造或任由他人创造的。

对于病态自恋的思考

10年前，有位编辑联系我，说出版社准备推出一个新合集，并想让我成为其中的作者之一。当时我正在为一家培训机构开发一门课程：病态自恋的防御机制。于是我建议将我的文章标题写为“病态自恋的机制”。这家专门从事人文学科作品出版的出版社却从来没有听说过这个术语。确实，尽管这个术语在几十年前就由法国的一名精神分析学家创造出来，却只有少数消息灵通的治疗师引用过。

我记得一位心理学家告诉过我：“病态和自恋都是不必要的东西。”我是这样回复他的：“我内心有很强的自恋倾向，我甚至可以承认它是我的驱动力之一，但是我并不会因此感到自己是病态的。”

编辑并没有信服，但是她需要出版一本书，所以她同意出版我的作品。我将精力都投入了这本书——《病态自恋的机制：它们从何而来，如何运作，以及如何摆脱这些机制》（*Los mecanismos perverso-narcisistas: Sus orígenes. Cómo funcionan. Cómo escapar de ellos*）。

我的想法是“从自己内心”找出那些害处最大的防御机制，让我自己和周围的人摆脱这些机制。1个月之后，我寄出了初稿。编辑看过后希望我能改变一下章节顺序，以使整个阐述更为清晰，所以这本书的题目又改成了《超越自恋》（*Los perversos narcisistas*，直译为“病态自恋者”）。

为了坚持使用这个标题并阐述清楚内容，我保留了原来的文本，但是将原本的长度翻了一番。那一版稿子成为这本书的第一版，在几个月之后的2009年2月出版。我记得我问过编辑，她认为这本书能卖多少册，她回答说1000册左右。迄今为止，这本书已经售出了20多万册，而且在同类作品中，销量一直处于领先地位。

继这本书的成功后，又出现了数十位“反病态自恋”专家。许多书开始跟风，从最动人的思考到最反常的愚蠢，似乎各种相关内容都被提了一嘴。例如，有位“专家”向他的病人建议：“重要的是不要阅读写给你的信，它们有百害而无一利。但另一方面，回复那些人也很重要……”这位“优秀”的“专家”还建议代替受害者阅读并回信。

为什么我又谈到病态自恋的问题呢？

因为从那时起，“病态自恋”这个术语被滥用，以至于失去了它本来的含义。

如果我们从最广泛的意义理解“病态”这个词，任何症状都可以被称为是病态的。例如，如果食物的作用是让我们保持健康和活力，那么催吐就该被视为是病态的。“暴食者或厌食者与食物的关系是病态的”，这样的论断并非错误，但是也没什么意义。

我们每个人都有神经质的防御机制，这些机制都伴随着相应的病态影响。同样，出于对自己形象的考虑，我们都会展现出一定的自恋行为。

正如我在那本书中所描述的，病态自恋者有一套根深蒂固的行为模式，他们从中得到了许多好处，所以不会轻易改变。为了改变现状，人们必须接受对自己的质疑，观察自己想要投射的理想形象表面的污点；人们必须能够与那个自己从未成为且将来也不会成为的理想形象告别。

首先，我想把更多关注放在病态自恋的机制上，而非受到它们影响的人身上。事实上，正如我们接下来所看到的，如果有部分人已经通过这些机制对自己进行了构建，且我们很容易就能够将他们诊断为病态自恋者，那就说明，许多人都使用了这些有害的机制来避免自己崩溃。后文中我们将看到几个可悲的例子，这些例子中，病态自恋者本人处于相对而言更危险的情况中。

我习惯将我的研讨分为以下3个部分：第一，现实状况；第二，谁是主体；第三，经历之后变得更强。

在第一部分中，我会阐明我在之前的书里已经提到过的一些机制，除此之外，我还研究了一些自恋的人物，他们作为主体都广泛使用过这些机制。即使他们不算严格意义上的病态自恋，但也并非无害，而同时他们又非常脆弱，所以我们在与他们的交往中需要格外小心。

在第二部分“谁是主体”中，我会再度将注意力放到受害者身上来：受害者是谁？我们能帮助他吗？如果受害者是孩子该怎么办？最终，问题都会回归到所谓的病态自恋上来吗？

在第三部分“经历之后变得更强”中，我明确提出以下问题：你为什么有必要遇到这个问题？你都明白了什么？

这10年来，我收到了成千上万的证言材料与感谢——不过它们并没有帮助我更好地了解那些病态自恋机制的内部逻辑，对这一点，我自己已经有了基本的了解。然而，我从未衡量过这样一本书可能产生的影响（无论好坏），也没有衡量过所有需要被理解的内容有多少。我们中的很多人在社会、工作和生活中越来越多地观察到这些机制。自上一本书出版后，我经常受邀参加讲座、研讨会或被记者采访等，但我承认，我很快就厌倦了总是必须回答相同的问题和重复一样的话，我唯一的愿望就是能够谈论其他话题。

但事实证明，有一个问题总是一次又一次地出现。我说过，如果问题频繁出现，那是因为我们之前没有完全解决它，我们必须关注并理解它的其他方面，倾听隐藏在内部的信息。既然我们要分析这个频繁出现的现象，就有必要在某个时刻着手处理这个反复出现的问题。

如果我们成功达到了目的，我们就应该完成对这个问题的分析。一旦它被解决，新的大门就会为我们敞开，这是理所当然的。那么，为什么不回答一下“我们从病态自恋中学到了什么”这个问题呢？

定义

尽管病态自恋的机制通常就是看不见的暴力，但看不见的暴力还有许多不同的形式，它们不一定属于病态自恋这个范畴。那么，病态自恋的防御机制具体是什么呢？

如果一个人系统化地利用病态自恋的机制，那么当这个人处于精神崩溃的边缘时，他就会利用这些机制来避免情况恶化和陷入疯狂。自我防御机制被称为是病态的，原因是主体试图将这些机制“输出”并传递给第三方——美国的精神病专家哈罗德·塞尔（Harold Searles）称之为“努力让别人发疯”。人们被他人称为自恋者，是因为他们患有自恋型神经症，不能忍受自己想展示的完美自我假象有丝毫污点。为了达到目的，自恋者通常会让第三方也就是我们接下来所说的“受害者”，来承担他们自己内心某些方面。[1]

在进行进一步讨论之前，让我们再来回顾一下固着、退行、冲突、第三方，以及其他某些防御机制的概念。

固着和退行

想象一下我们要爬一座山。出发时，我们步履轻松，但过了一段时间后，氧气开始变得稀薄，我们也面临着疲惫和

1 需要注意的是，西格蒙德·弗洛伊德将自恋型神经症称为精神分裂症。但如今谈到类似情况时，我们通常更倾向用边缘型人格障碍或边缘型状态来指代它。——作者注

其他困难。我们可能想返回休整一下，或是在继续攀登前休息一会儿。

这座山就是我们的自我，选择返回就相当于退行，而我们休整的地点就相当于固着点。弗洛伊德想象这种情况时，以一支远征军为例：为了加快速度，这支军队向前线派遣了小型先遣部队，如果遇到了危险，这些小队就会带着主力部队返回。

让我们再回到爬山的情境中来。当我们学会如何攀登并到达山顶后，如果还想继续前进，就必须学会向下走。在我们向下走的过程中，还会遇到类似退行的困难。不过这不是我现在想说的。

为什么有些退行是存在问题的呢?

为了理解什么是退行，让我们想象一下，面对日积月累的担忧时，你或许会开始哭泣或像小孩一样跺脚。固着点是我们成长过程中非常重要的地方。或许有一天你哭了，周围人的态度便缓和下来，于是哭泣的好处是双倍的：眼泪能够使痛苦发泄出来，还能让我们周围人的态度缓和从而减少危险。只是当我们长大成人后，事情就没这么简单了。哭泣或跺脚后，我们可能会发现自己面临新的内部矛盾：羞耻、愧疚、被抛弃的痛苦，等等。退行行为可能会大量出现，并让我们更加堕落：精神上的痛苦、分裂、偏执型解离、抛弃，等等。这些都是难以忍受的痛苦。有些人正是为了与此对抗，才建立了病态自恋的机制。

利奥和艾琳娜都是航海员，他们有一艘自己的船。12年来，他们周游了世界。当艾琳娜向我说起这段时光时，她是面带微笑的。这段经历让她想起了她与利奥幸福亲密的时光。

不久后，艾琳娜怀孕了。是时候靠岸了。他们停在米迪运河的一个港口，并租下了一间公寓。利奥随后变得沉默寡言、咄咄逼人，随着时间流逝而越来越不可理喻。他无法忍受艾琳娜的朋友们，当艾琳娜在家接待朋友时，他习惯一个人待在船上。孩子出生后，他的状态更糟了，他变得越来越暴躁、越来越堕落，但是他却不承认自己有什么问题。

他拒绝去看任何医生，并且认为是艾琳娜有问题。

在听我说起病态自恋者后，艾琳娜来找我，问道：“利奥是病态自恋吗？”

我问她，她认为接下来会发生什么。她说她想要结束这一切，她要离开他。于是她又问我：“如果我离开他，他会怎样？”我只能回答她说：“我不知道，他可能会有所反应并试图摆脱现状，也可能会进一步陷入精神错乱或自杀，但那都是他自己的选择……而且我不认为你必须跟某人在一起以防止对方自杀。”

艾琳娜决定离开，我并不知道他们后来怎么样了。

我记得，有一次我和另一位“专家”一起参加了一个广播节目。记者问了我们下面这个问题：“病态自恋者有自杀的倾向吗？”我们从未聊过这个话题，但是我们同时给出了自己的回答。那位“专家”说：“病态自恋者绝不会自杀。”我也给出了确切答案：“他们很有可能自杀。”无法想象当时的听众做何感想。

事实上，一个以病态自恋机制构建自身、采取疯狂的防御机制，并以自杀要挟周围人的主体，很可能并不会真的采取行动。

就艾琳娜和利奥的例子而言，我那时并没有很担心艾琳娜，她很坚强，也有能力面对现实。相反，利奥则处于危险之中。他所采取的某些机制（不脱衣服就上床睡觉，在黑暗中躺上好几天），明显是精神病导致的退行行为。或许这可以归因于他流浪生活的结束，或是孩子的出生，很可能两者都是问题的原因。因此，我更倾向谈论防御机制而不是病态机制。

内部冲突

《超越自恋》这本书一开始就对病态自恋者进行了详尽的描述。具体来说，我是这么写的：“他不懂得内疚，而且会毫不犹豫地责怪他人。”但是，一个不懂得内疚的人为什么会责怪他人呢？

—他倒车时撞上了我的车。他立刻生气地回头朝我吼：“谁让你把车停这儿的！”

—他早上发现闹钟没响时，立刻就指责我碰了闹钟。

事实上，拥有病态自恋型人格的人懂得内疚，但是由于这种人格并不支持内部冲突，责任立即就被归咎于第三方了。只要“都是你的错”这句话说出口，病态自恋者就不感到内疚了。一个不懂得内疚的精神病患者则并不需要让你感到内疚。当他撞上你的车时，他说不定还会大笑起来。

和精神分裂症患者一样，许多患有边缘型人格障碍的人一点内部冲突都无法忍受。这是否意味着病态自恋者就是精神分裂症患者呢？的确，我们可以探讨相关的精神分裂症。事实上对于精神分裂症患者来说，这些机制是在主体内部激活的；而同样的机制对于病态自恋者来说，是在群体中起作用的。

让我们以解离作用产生的痛苦为例。病态自恋型人格已经学会将自己一分为二，只展示好的一面。解离作用产生痛苦的原因是看到自己的另一面重获权利，即看到自己不喜欢的一面掌权，就像发生在杰科博士和海德先生身上的事情一样——同一个体的两种人格互相忽视。在病态自恋中，为了摆脱因解离（堕落、成为不好的一面）产生的痛苦，主体便创造了一种融合的关系——“二者合一”。分裂正是在这种多元（融合的另一半）的个体中产生的：我是杰科，而你是海德。

因此，我们就能更好地理解为什么说病态自恋机制是对抗巨大痛苦的方法，以及为什么尽快进入融合状态很重要了。因为只有这样，我们最后才能让别人陷入疯狂。

加布里埃尔

让我感到难以置信的是，我们才认识几个小时，她就对我说“我爱你”。几天后，她就想和我结婚生子……

事实上，当对方说“我爱你”时，由于对方并没有考虑到可能显现的他者性（即他者拥有的特性），她表达的其实是某种痛苦，而这样的痛苦能够通过融合而消散。下面这个暂时的答案可以回答“但是她爱我吗？”这个终极问题。

病态自恋的关系是面对痛苦的方法，并不是什么爱情故事！

我经常提到伴侣间的故事，但是同样的现象在多元个体（夫妻、家庭、服务关系、公司、教派、宗教活动、政治、社会等）中也能被观察到。

在一个教派中，大师说自己是耶稣同父异母的兄弟，他们事实上拥有同一个父亲，这个人还是个外星人。对于教派内的人来说，教派外的人都是愚蠢的。在教派内，大师确实无所不能，其他人才是疯子。

当有些父母总是高估自己的孩子时，孩子在他们父母的口中确实是无所不能的。问题是，一旦孩子到了外部世界，他就不再是全能的了。除非创造或利用一个合适的地方来落实他的幻想（教派、家庭、公司、政党等），他才能够在这个地方重新找回自己的地位。若是没有这些先前建立的、以他为主且难以打破的关系，也就不会有类似这样的地方。

“昨天，孩子很累。我让他爸爸去沙发上睡，叫儿子到床上来和我一起睡。”

这解释了为什么病态自恋关系的形成大多始于并且总是在一些特定的生活环境中出现。从属关系、亲缘关系或伴侣关系总是存在的。在一些罕见的案例中，还存在很紧密的“朋友”关系，但是我认为应该将其归为伴侣关系，因为一直同施暴于我们的人保持朋友关系是不可思议的。

第三方与冲突

在孩子的成长过程中，第三方的角色一般由陪伴母亲的人来担任。这个角色可以由邻居、外祖父、外祖母、舅舅等原本重要等级较低的人来担任，孩子赋予了这个人某种光环。

孩子希望一直和母亲处于融合状态，希望自己成为母亲的一切，母亲也成为自己的一切。但事情没有这么简单，第三方会介入并要求孩子回到自己的房间。他拥有某种孩子不具备的东西，否则母亲就会一直和孩子待在一起，两人会回到生命最初的融合状态，回到最初的天堂。

从第三方介入时起，孩子便可能产生不同的幻想和痛苦。弗洛伊德在他的那个时代提出了俄狄浦斯幻想：孩子嫉妒他的父亲，梦想取代他的位置。但这一幻想并非毫无痛苦，还包括对乱伦大致的认知、对父亲的背叛、可能受到的惩罚等。于是，孩子只能通过放弃幻想并投入社会来逃避他内心的不安。在这个社会中，他能够找到另一个容身之地，并有将精力用于新计划的可能。

但是，母亲让儿子睡到她床上并让父亲睡沙发时，她是怎么想的呢？那些关于乱伦的幻想会如何？会出现背叛的感觉吗？如果你已经睡在了母亲的床上，又要如何放弃和母亲在一起并取代父亲的愿望呢？

心理学家保罗-克劳德·拉卡米耶（Paul-Claude Racamier）提出了反幻想的幻想：母亲的愿望（或者说，行为）阻止了孩子表达意愿，当然，也阻止了孩子表达拒绝。这个孩子又一次成为全能的存在。可事实上，他是在他母亲的世界里无所不能，到了外部环境中，如何使这种无所不能的状态持续下去呢？

我们要知道，小孩子——无论是小男孩还是小女孩，都想要回归与母亲的融合状态。但是第三方的介入将小孩送回了他自己的世界。所以，母亲的伴侣必须拥有孩子所没有的其他东西，否则，母亲就会回到孩子身边。这个东西是什么呢？一辆漂亮的车，存满钱的账户，还是在家庭之外的地位？弗洛伊德将这一幻想中的对象称为“阳具”。

主体为了支持自己的幻想，必须创造出某种假想的阳具——一种或多或少属于妄想的假阳具，比如：与耶稣的亲缘关系、主管的职位、一辆漂亮的车、丰满的胸部，等等。只要有用就行。

弗洛伊德认为，性心理发展的巅峰就是“接受阉割”，接受“我并不是全能的”。那些接受阉割的人是“正常的神经质”，对阉割表现出焦虑的人就是“神经质”，那些倾向反对阉割的人则是“病态的”。雅克·拉康（Jacques Lacan）补充说，那些完全无法想象阉割功能的人，即完全无法接受第三方存在的人，则都患有精神病。[1]

1 即拉康所谓的父之名失效的概念。——作者注让我们来举例说明。想象一下，一位老师下意识地认为拥有知识的人就拥有权力。于是，凭借他的知识，他坐在办公桌前时便能显露出自己的才华。但是一旦知识被传授出去，它就不能使他出彩了，他会发现自己和学生们处于平等的地位。因此我们可以想象，一位接受自己并非全能的老师，会很高兴看到自己的学生进步并赶上自己；相反，一位不愿失去权力的老师，就会故作神秘并对知识有所保留（我想我们都对此有痛苦的体会）。

现在，让我们思考一下将自己定义为父母的人——“我是高于一切的母亲/父亲”，在家里拥有绝对权威。这样的人无法忍受自己的孩子获得解放。他们很可能会说“你不会成功的”“你不要和他们一起去，很危险”“你真是一文不值”这样的话。孩子就会一直被当作婴儿看待，被阻止成长。在阻止孩子获得属于其自身的正当地位后，监护人便能保留自己的地位了。

我们需要明白的是：

不再为任何目标服务，我们就成功了。

融入一个需求一直越来越多的社会，听起来很困难。一位足够好的父亲会很高兴看到他的孩子们继续前行，就像治疗师对病人，以及老师对学生一样。但是一位不愿失去权力的治疗师会在病人生病的时候给予陪伴，却不会陪伴他们康复。

人具有有限性：成功便意味着做出一点牺牲，我们只有否认这一点，才能接近我们的全能幻想。阻止他人离开时，我们面对的是对死亡的否认。因此，对死亡的冲动或驱动力，也是否认死亡的一部分。如果父亲向孩子展现出的形象并不是全能的，从孩子的角度来看，父亲也就是一个普通人；病人对治疗师、学生对老师等也是如此。

简单来说，我们可以认为，我们只有把自己的一条腿放在另一条腿之上的权力。病态者只有在能够造成伤害，以及无法将他人视为他人、无法认同他者性的情况下，才能获得自我实现。因此，病态者总是将他人物化——把他人看作一个物体；充其量只是将他人变作自己的延伸。病态者将他人的品质据为己有，并将自己的缺点投射在对方身上。因此，病态者只有在其有能力对抗问题而非解决问题时，才能获得自我实现。他们站在死的一边而不是生的一边，为了避免面对死亡而成了一个不愿活着的活死人，导致周围一切走向病态和死亡。

无能与谎言

在一个表象比现实更重要的世界中，无能是难以想象的。然而如果仔细想想，无能却是成功的前提。

海梅

如何区分无能与谎言呢？很简单！

想象一下，我邀请你晚上来喝酒，但是我却忘了买酒。这显得我多无能啊，对吗？

再想象一下，为了掩饰我的无能，我故作聪明地说：不过，喝酒确实也不太好！

这就是谎言，是用来掩饰我无能的补丁。之后，我在厨房里翻找起来，发现了一瓶年份久远的好酒。于是我又回到客厅向你解释喝酒对健康的好处，说这酒甚至可以称得上是必需品。正如你所见，我又一次说了谎，这是一种结构性的权力夺取。

这挺可惜的，因为如果我承认了自己的无能，我们或许就能创造新的局面——如果我承认自己的无能，我们或许就能一笑而过，到外面去开派对。

无能是一扇通向任何可能性的敞开的大门，谎言则是虚构世界中紧闭的大门。谎言是一种看不见的暴力，具有闻所未闻的威力。

自恋的问题使我们不能投入当下。自恋者往往发现自己被困在无尽的日子和永恒的重复中。

卡里姆是个聪明的小伙子，但是他不能忍受一点批评。他曾就读于医学院，但是一想到要考试和被“评价”，他就会生病，不能动弹，甚至最终放弃了学业，投身于维修工作中。他无法忍受别人的目光，因为患上社交恐惧症前来咨询。

卡里姆需要考驾照，并且已经在驾校报了名。

他对我说："考试时老师一句轻微的批评都能让我难受。我觉得这个课我还是不上了，反正我也是个无能的人。"

我是这么回复他的："你当然是个无能的人了！"

卡里姆听了我的话，表现得很惊讶。或许他期待我像一位好母亲一样回答他："不会的，一切都会顺利的，放心……"

我又说："如果你什么都会，还去上课干吗？

"假设你想爬上圣卢山的山顶。你在山脚下望着山顶说：我没法爬上去。你说得有道理！但是你能做到的是什么呢？或许你可以先迈出一步。当然，看着前方的路，这一步不算什么。但是你又迈出了第二步、第三步……或许半小时后，你会惊讶地发现自己已经走了很远。这是因为你不知道自己正处于学习的过程，这就是一切事情的道理。"

由于在全能幻想与自身灾难性的现状中左右为难，自恋者无法投入当下的行动中。不想发芽的种子永远不会开花，所以也永远不会被生命所驱动。自我的去理想化能够让人摆脱自恋和全能幻想，从而找到自己真正的力量——一种远远超出我们儿童形象的力量。

要想从零开始，就需要能够接受空性的思想。在很长一段时间中，梵语中用shûnya这个单词来表达“空”和“不在场”的意思。作为“空性”的同义词，事实上它自几个世纪以来一直是真正的神秘哲学和宗教哲学转变成为思维方式的核心要素。

东方人说，空生万物，万物皆空。当我接待患者、客户或进行任何工作时，我都应该能够承认自己的无能，或者换个词，我的“空性”。否则，我就会倾向在技术上下功夫而忘记对方。治疗师所面临的棘手问题是，他们需要深度的培训才能对自己进行良好的构建，但在接待病人时还要将自己受过的培训暂时放在一边，这样他才能够为对方及对方的经历留出空间，这也是普通人所面临的问题。

无能是一扇能够通向任何可能性的敞开的大门，
谎言则是虚构世界中紧闭的大门。

第三方

当我写下这几行字的时候，我的上一本书刚在西班牙出版。西班牙《国家报》（*El País*）的一位记者刚刚联系了我，但是他并没有问我关于病态自恋者的问题。他想写关于第三方角色的文章，即那些在自愿或非自愿的情况下成为“同谋”或任由一切顺其自然的人。

我们将孩子成长过程中扮演第三方的角色称为父格定式。在孩子还无意识的时候，父亲就代表着法则。病态者通过否定父亲的重要性继而否定阉割的重要性，企图凌驾于法则之上，在自我生成的妄想之中扮演自己父亲的角色（如果孩子和母亲一起睡，谁是父亲？）。[1]

我们已经知道，阳具幻想可以通过某种功能来体现（至

1 保罗-克劳德·拉卡米耶在著作《天才的起源》（*Le génie des origines*）中提出了“自我生成”这个术语。——作者注

少主体已经为了拥有这种功能付出了努力）。但是，阳具也可以由某种物体、思想、书籍等来象征。比如，《妥拉》《圣经》《我的奋斗》《精神障碍诊断与统计手册》等。也就是说，我们可以借思想、书籍的名义行支配、征服、亵渎、杀戮、偷窃、流放之事，让自己凌驾于社会法则之上。

无论你身处何方，只要你能予人一些小恩小惠和一个可以施加折磨的种族，总会有大批的人跟随你。在一个人的内心之中，比起平庸之恶，更紧要的是安全感——需要被清除的最弱者不能是自己。理想情况下，无论是从皮肤颜色或是穿着打扮来看，最弱者是很容易被辨识的。我们已经知道种族主义是一种病态自恋的运动，而支持种族主义的政客们也证实了他们的无能，或者更糟糕的是，证实了他们政策的少数性。

事实上，群众也可以代表第三方。在民主政治中，操纵者需要群众的认可，或者说至少需要群众的自由放任（事实确实如此，因为人们会任由焦虑加剧）。

在个人层面上，拥有病态自恋型人格的人都明白这一点。他们要么孤立受害者（说他们所处的环境是有害的），要么引诱他们并侵占他们的群落生境[1]。一般而言，受害者最后会认为自己是自身所处环境中最脆弱的一环，甚至受到被排斥的威胁。要使受害者无法获得安全感，这种排斥必须是持续性的；病态自恋型人格总是需要一个能够欺负和威胁的对象，让受害者一次又一次被拒绝，以便这样的关系能够维持下去。

或许，处于有害环境的好处之一，就是能够保证自己永远不会被排斥？总是在施暴者的剧本中循环老套路，能够让人平复被抛弃的焦虑。

重复体验

如果你早上被同一块石头绊了两次，那是因为石头在你的鞋子里。

——非洲谚语

1 群落生境指一个生态系统里可划分的空间单位，其中的非生物因素铸造了该生活环境。——译者注如果你正遭遇某种创伤性的经历，你可以接受心理治疗。但是，当一个孩子正在经历令其深受折磨的情况时，他又该如何寻求帮助呢?

克里斯蒂安来进行咨询，是因为他不明白自己为何感到痛苦。他与玛丽亚保持着恋爱关系，尽管他们并不是很相爱，但这样的状况一直持续，直到有一天玛利亚离开了他。

他对我说："我不明白，我并不爱她。我们的分手应该让我松了一口气，但是自从我们分手后我就一直失眠，还经常惊恐发作……"

经过分析，我们发现他的分手和他一岁半时一段被抛弃的经历有很大的相似之处。那时他的母亲住院了几个月，出于健康原因，他没被允许去看望母亲。

年幼的孩子多年后可能会通过重温相同的场景来获得补偿，我们成年后会在某种冲突中释放出童年时期被压抑的一些痛苦。克里斯蒂安不明白自己为什么会因为和一个不太相爱的伴侣分手而感到如此痛苦，而这种痛苦很可能就是那个以为自己被母亲抛弃的小男孩所感受到的。换句话说，之前未被理解的感受回来了；就像一直驱不散的阴魂，它在找到解决办法、获得解放之前不会得到安息。

既然症状能够传递信息，那么我们就应该倾听它想要对我们诉说的话，而不是消除症状。

任何症状都是信息的载体。每种危机都能够释放能量。

结论

看得见的暴力很容易被发现。如果说令人无法忍受的、看得见的暴力有什么好处，这个好处就是它可以被指出。我经常听到“我以为自己是在做梦，但是我清楚地看到我身上的伤疤……”这样的话。

能够说出来，就说明已经走上了反抗的道路。

相反，看不见的暴力从定义上来说是很难被发现的。非常友善的人可以仅仅通过一个微笑施加暴力，而如果你向周围的人抱怨这种暴力，别人反而会倾向认为你是偏执狂。那些曾经遭受隐形恶意的受害者最后反过来折磨自己的例子也并不少见：“那是我想象的吗，是我反应过激吗？是我疯了吗，我是个偏执狂吗？”

一旦沾染了这样的病毒，就很难摆脱它，所以好好研究主体就非常重要。要净化自己身边的人，回归自己的价值观，重新找到自己。

因此，尽管经受住这样的考验就像炼金术士将铅块变成黄金一样困难，但我们经历考验后一定会变得更强大，更接近我们原本失去的、自身真正的价值。感谢这样艰难的考验让我们有机会重新找回自己。真正的主体不是那个让我们感到痛苦的人，而是自己！

为何暴力不止

摆脱暴力唯一的办法就是通过了解、厌恶、排斥、憎恨或蔑视的机制来消除它们的影响，能实现这一点，要求所有人对孩子进行教育。

——弗朗索瓦兹·赫尔（Françoise Heir）

研究对儿童的暴力，能够让我们知道如何更好地照顾孩子，也能帮助我们了解这样的暴力之后会如何在伴侣、职场关系和社会生活中重演。

研究父母能够帮助我们更好地了解孩子，而对孩子的研究又可以帮助我们了解这些成年人。事实上，我们在成为大人之前都曾经是孩子。如果我们是大树，我们就会把自己的根深深埋入童年的土壤里汲取营养。弗洛伊德曾说过，儿童是成人之父。

童年时期的暴力

要研究童年时期的暴力，我们需要重新区分正常的攻击性和病态的暴力。

当我们观察小动物时，会发现幼崽们总是很快开始玩耍。游戏首先是快乐的源泉——既是面对他人的，也是面对自身的。游戏也是对自身攻击性的探索，是发现自身界限的过程。在游戏的过程中，你可能会使自己或他人受伤。这也是培养同理心的机会。在游戏的过程中，我们想要照顾自己并关注他人。你必须找到界限，走得足够远，才能保持对游戏的兴趣；但是又不能走太远，以防感到痛苦。通常来说，游戏会变得更加激烈并因此而叫停。界限被跨越，规则也随之被书写。

小孩子很早就会展现出攻击性。当孩子感到饥饿时会非常暴躁，英国的精神分析学家梅兰妮·克莱因称之为憎恨。我们谈论了很多关于在婴儿长牙期间口欲施虐的内容——孩子想要咀嚼他们周围的一切。不过，要说这是施虐，这也是一种愉快的施虐，是通过目前他们唯一能够与世界接触的部分，进行探索与社交。之后，控制周围世界的欲望迫使他们说“不”，表达反对意见。孩子找到了生理上的界限和心理上的防线，一步步整合了自我同一性。6岁左右时，孩子就学会了社会规则。有时候孩子不得不屈从、推迟或压抑自己的冲动。

竞争

竞争不是自然产生的，它更像是一种社会进化。最初的冲动都是自保本能的冲动（吃、喝、睡）。孩子只需得到生理满足，而不是成为第一名。

在蒙古，赛马是最重要的比赛。4~7岁的最小的马只跑5

千米，7~10岁的马跑15千米，再大一点的马就跑40千米。赛马比赛是一项庆祝活动，来自四面八方的家庭齐聚一堂。跑完全程后，第一名得到奖励，最后一名也会得到一份奖励。第一名受到祝贺，最后一名得到鼓励。比赛是考验骑手的机会，也是考验马匹的机会。

竞争是证明、考验和超越自身的机会。在节日期间，它也代表着对健康的祝福，但是过度竞争也是对健康不利的。

当我们的孩子参加考试时，我们会根据他们的成绩来求证他们是“好孩子”还是“坏孩子”。

> 曾经有个小男孩说话慢吞吞的，7岁的时候话还说不明白，但他的父母决定尊重他自己的节奏。或许正是因为如此，这个小男孩最终才能成为阿尔伯特·爱因斯坦。

病态的竞争，包括说这个孩子好、那个孩子坏，都加剧了孩子所遭受的暴力。父母不应该通过好坏来区分孩子，况且这样的区分也是没有意义的。这样做只能让孩子们出于模仿而非热情做出行动，带着恐惧而非快乐去工作。如果爱因斯坦的父母说他是个坏孩子，会发生什么呢？

除此之外，父母的这种做法还会将孩子置于忠诚矛盾之中。如果我告诉孩子“你是个坏孩子”，而之后孩子取得了成功，这也会让我成为一个骗子，就像是孩子背叛了我一样。换句话说，其实我的孩子失败才合理。

父母对孩子的期望越高，给他们的压力就越大；相反，对他们的评判越少，目标就越少，给他们的自由也就越多，他们就更能集中自己的精力向成功迈进了。

正当性

如果父母认为自己的孩子足够优秀，告诉孩子他们是受欢迎的且我们相信他们，他们自然就会将精力放在实现自己的目标上。但是如果父母对孩子们说，他们是坏孩子，他们很让人讨厌，他们都是废物等，他们就不能正常运用自己的能力，更不用说享受生活了。事实上，某种评判，尤其是来自父母或重要人物（老师、权威）的断言，例如“你很讨厌”“你就是个废物”等，会将孩子置于双重胁迫之下：要么验证这些评论，让自己变得毫无用处；要么证实对方说的是假话。在这样的情况下，他们怎么可能觉得自己的成功具有正当性呢？被一个说假话的人认可，会给他们带来怎样的感受？

> 我还记得那位可以在世界上任何地方做手术的外科医生。他名声很好，广为人知。当我问他：“你认为自己名不副实吗？”他回答我说：“我一向这么认为。”

认为自己名不副实而产生的痛苦与现实情况无关，这是一种自恋焦虑。如果一个年轻人认为自己不具正当性，他又如何建设自己的国家和家乡，如何投入工作呢？他只能抹去自己的存在（必要的时候会利用酒精和药物）或是表现得像个征服者：“他妈的，我想干什么就干什么！”

看不见的暴力会导致明显的、看得见的暴力：要么是向内的暴力（心理疾病），要么是向外的暴力（通过行为来表现）。

研究童年时期暴力，可以从两个角度出发：儿童之间的暴力，以及父母对孩子施加的暴力。

儿童之间的暴力由自然暴力、游戏的延伸、发现自身界限并因此学习如何生存构成。但是在游戏中，我们也能看到与社会相关的痛苦被激发出来。告诉孩子印第安人都是坏人、牛仔都是好人，他们就会在操场上扮演坏印第安人或好牛仔。教孩子们清除弱者，他们就会玩清除弱者的游戏——只要那个不合群的人是其他人，自己就可以放心了！

你是否注意到，每当媒体谈论某个袭击事件时，没过几天就会发生一起或多起类似的事情？例如“9·11”事件发生后不久，一个年轻人就驾驶一架客机加速撞向一座办公大楼……

那些仍停留在儿童心理结构状态的精神病患者没有被视为疯子。“袭击事件”这个词使其行为正当化，让这种行为看上去符合常理。

为什么那些媒体不说“一位精神病患者冲向人群”或“一个疯子试图刺杀某位政客”呢？因为这样说会使任何回应都失去正当性。

让我们看看儿童暴力发生的场合。有些例子中，儿童暴力需要成年人的干预，成年人应该起着提醒规则和恢复界限的作用；而在有些情况下，问题就出在成年人的干预上。

当然，大多数情况下，设立一定的条条框框是好的。当孩子遇到危险或遭受骚扰时，是需要进行干预的。但是除了这些极端情况，最好相信孩子能够找到他们自身的界限及解决问题的方法。成年人过度的干预甚至可能成为暴力。

团结和相互支持的价值观是自然而然产生的，它们是快乐的源泉；排斥和骚扰是产生恶意的主体在感受到巨大的危险时所表现出的病态行为。要相信我们的孩子，不要再向他们传递这种主观的、错误的价值观，而是促使他们找到自然的价值观。

再次强调：看不见的暴力会导致明显的、看得见的暴力。孩子的态度反映了我们社会的情况。那么为什么不制作一档名为“帮助最弱者”的游戏节目多加宣传呢？

针对儿童的暴力

在弗朗索瓦兹·多尔多（Françoise Dolto）发表她的研究之前，儿童并不被视为人。他们被视为一种正在形成的存在，一件被放置在那里处于等待状态的物品；在过去，医生可以在婴儿没有被麻醉的情况下为他们做手术。或许这是因为我们对婴儿不具认同感，很难同情婴儿。但是之后，事情发生了变化，儿童从非人类的存在变成了和国王一样尊贵的个体。

> 50年前，早产儿几乎没有机会生存下来。他们被放置在医院的保温箱里，不允许被触碰，因为他们实在是太脆弱了。然而，一家医院的婴儿死亡率远低于平均水平。人们便进行了调查，研究这家医院提供的治疗与其他医院有什么不一样。
>
> 经过询问，一名护工最终说出了真相：尽管医院明文禁止触碰孩子，但在没人看见的情况下爱抚孩子是被允许的。有研究表明，这正是这家医院婴儿存活率高的原因。

我们已经知道，个体首先是由其本身的轮廓、边界所决定的。我们首先是一个容器，之后才会成为容器中所包含的东西。触摸孩子给予他一种身体上可感知的界限，拒绝孩子则是给予他心理上的界限，给孩子起名字相当于给予他一个社会性的容器。

因此，拒绝给孩子设立界限就是虐待，这是一种看不见的暴力——正如上文所述，看不见的暴力会导致明显的、看得见的暴力或症状。

你能对一个孩子做的最糟糕的事是什么？殴打、侮辱他，让他成为所有家庭问题的受害者？或许最糟糕的是完全忽视他，从不对他说话，把他像个物品一样晾在一边，家里也没有他的位置。

矛盾的是，受到虐待的孩子实际上在家里拥有一席之地，而不是可有可无的。因为这个孩子被视为一种症状，要为一切不好的事情负责，也要为家庭中的平衡负责。

这是多大的权力呀！不是吗？

一个人首先由自身的边界、容器所定义，之后才由自身的内在所定义。对孩子的虐待填充了孩子的内在，给予他们受害者的身份和症状。对于受到虐待的孩子来说，他们所遭受的症状或伤害就是他们身份的一部分。要想摆脱这一设定好的程序，孩子就必须放弃自己的一部分，这是极其痛苦的，需要长时间的自我重建，找到生活的新目标。

孩子要想找到通往快乐的道路，仅仅靠渴望是不够的，还需要放弃这一部分所占据的空间——放弃作为“受害者”的全能力量。

要想重新获得快乐，我们首先得放弃痛苦！

受害者的全能力量

无所不能的感受是一种令人沉醉的幻想，有些人对此十分着迷，就像那些瘾君子总是下意识地想要重复体验那种感觉。

我们已经知道，如果我们对孩子说，他是个坏孩子，他就会出于忠诚而做出会遭到我们责备的事情。因为这就是我们一直以来对孩子的定义，这也会成为他们身份认同的一部分。他们必定乐于为出错的事情负责，这么做毫无疑问也是出于对不服从命令就会被抛弃的恐惧。

我们要记住：重复出现的冲动往往会让我们再次回到现实世界的困境中，这些困境和我们童年时期经历的困境惊人地相似，我们必然下意识地希望最终能够解决问题并释放相关的痛苦。

因此，重复的现象不知不觉中包含着一种释放和净化的需求（重复体验与过去某种经历相同的情况来了解此事，并表达过去未曾被表达的东西）。但是这种下意识的愿望与其他愿望是互相对抗的，比如对我们中的某些人来说，成为被讨厌的对象已经是个人身份认同的一部分，与之前提到的全能感相伴。

在美国，有人开通了举报家庭暴力的热线。但令创建者惊讶的是，大部分电话都是受儿女虐待的父母拨打的。当那些父母感叹自己受到儿女虐待时，我不禁想到，他们的孩子才是真正的受害者。

正如哲学家黑格尔所说，主人是依赖奴隶的。最终，总是由奴隶亲手打理生产资料并将它们转化成消费品和财富；主人自身变得富有，但是却发现自己与现实脱节，完全依赖奴隶。

这些调查结果指明了受到虐待或未受到良好对待的儿童的处境，以及一段病态关系中受害者的处境，存在于伴侣之间或工作中的病态关系都通用。有没有这样一种可能：要想摆脱受害者的处境，一个人就必须与自己的全能幻想割裂开来，不再当受害者，而是学会为自己而活——成为主体。

受害者存在吗

通常，当我思考受害者的责任时，别人都会指责我："我都已经是受害者了，我还得为成为受害者本身而承担罪责吗？"

不，负责并不意味着承担罪责。负责指的是人对自己的行为负责任。在我看来，负责的反义词是不负责。或许是时候做出选择了。

“不，你没做错任何事。如果你犯了错，就改正错误，寻求原谅。那么你就不会感到内疚了。”

事实上我认为，我们所谓的内疚是一种自恋式的痛苦，即成为犯错对象的痛苦。

根据我们刚才的观察，我们可以问自己：就像施暴者找到了自己的受害者一样，受害者是否也主动找到了自己的施暴者呢？如果是这样的话，真的存在受害者吗？

是的，存在许多受害者，孩子们就是。那些孩子受到父母甚至是其他同龄人的虐待。这不是他们选择的，他们都是他人的受害者。但我们已经知道，重复体验的原理会让我们一次又一次重温与之前相同的场景，受到虐待的孩子成年之后可能会主动体验与自己童年经历相似的情况。因此我们可以认为这个孩子成年之后又成了受害者，只是自己没有意识到罢了。我们在不知不觉中主动成了被施暴的对象。

有时候，有些受害者无法摆脱现状是因为他们拒绝承认自己是受害者。接受自己是受害者是解决问题的一部分。如果我们能接受自己在无意识的情况下成为受害者的事实，那么意识到这个问题就等于走上了通往终点的道路。因此，要是我们不承认自己是受害者，那我们依然是受害者；当我们意识到自己是受害者时，我们就不再是受害者了。

接受我们是某种情况下的受害者，就是摆脱这种情况的开始。

来自伴侣的暴力

以宽容为借口，我们竭力讨好他人。

——玛丽－弗朗斯·伊里戈扬（Marie-France Hirigoyen）

之前我们已经探讨过，拒绝冲突可能是一种看不见的暴力。拒绝冲突会导致人无法做出选择，这样的情况会滋生无法言说、无法释放的、潜在的痛苦，等等。

这种无形的暴力可能会发生在生活的任何范畴，例如童年时期、社会生活或伴侣之间。

无选择的境地

安吉拉决定结束与吉米的关系。吉米在经历了否认阶段后，又进入了一个承受巨大痛苦的阶段，这样的痛苦源于他所谓的“背叛”。这时，安吉拉又和他取得联系，说她很想他，让他回来见她。度过了一个在吉米看来非常甜蜜的周末后，安吉拉再一次向他提出分手。但不久后，她又想让吉米到她家来，向他诉说她的近况，这样他们就能借此机会共度周末。他拒绝了，说：“每次分手都比上一次更加痛苦。她每次联系我时，我都向她敞开心扉，给自己虚假的希望……除此之外，如果说她之前对我的指责在我看来都是合理的，但不知从何时起，我已经不能从她的话语中认出我自己了。感觉她在试图建立一个完美的人设……那个我曾经认识的女人是美丽而真诚的，而现在的她满口谎言，从不信守承诺……我知道她这么做是不对的，我想要帮助她，但是我不想成为她不幸福的发泄对象……她伤透了我的心，但是我要离开。”

在研究了“中止刺激”之后，我们已经知道，看不见的暴力在伴随微笑时更加有效。如果你想伤害某人，就一定要从赞美对方开始！当受害者完全敞开心扉时，你就可以出击了。如果你想伤害对方，首先要告诉对方你爱他。我们也已经知道了伤害强度的计算公式——要用目标所拥有的力量乘以主体的情感投入。

在安吉拉与吉米的关系中，如果说想要分手是一种暴力，那它是具有正当性的。另一方面，安吉拉无法做出真正的选择也是一种罕见的暴力。不做选择意味着让对方陷入痛苦，这也是将权力握在自己手中的方法。在这种情况下，把权力握在自己手中，是一种回避痛苦的病态机制；通过从对方身上察觉到这样的痛苦，它还能提供一种施虐的满足感，使得分手具有正当性，因为受害者感受到的痛苦大多会通过行为（行动、语言等）释放出来，然后施暴者就可以说：“你看，你根本就不可能……”如果受害者将这样的痛苦释放在自己身上，陷入抑郁，施暴者就可以说：“你情绪不稳定，看起来很凶……”

危机与消耗

每种危机首先是一种机遇，但是危机可能会立刻变为危险。

我们已经学会了如何与疼痛以及各种症状对抗。如果你患有胃病，医生会给你开药，这样你就可以确保体内的细菌或病毒不会对你造成威胁。

痛苦和症状都可以被看作信息。我们之前说过，信息被倾听和处理后就没什么用处了。但是如果信息没有得到关注，它就会卷土重来。

所以说，危机也是一种机遇，因为它向我们传达了某种信息，是让我们成长的机会。例如，伴侣关系中产生的危机告诉我们，有些事情必须发生深刻的改变。如果我们接收到这样的信息，我们就有机会在经历危机后变得更加坚强、幸福、满足与平和；如果我们拒绝面对危机，这种信息就一定会以更加严重和强烈的方式再次出现，以获得关注。

然而，在一个我们主要作为消费者而非主体存在的社会中，任何危机都变得难以承受。

> 安吉拉家境殷实。对有钱人来说，吃到不喜欢的食物时就把它扔进垃圾桶然后去另一个地方吃饭，是习以为常的事情……我觉得她对我也是这样……

在冬天，我们喜欢温暖；在夏天，我们喜欢凉爽。如果我们失眠，就会吃安眠药；当我们首次感到焦虑的痛苦时，我们会服用抗焦虑药；而陷入危机时，则会服用抗抑郁药……

> **阿尔伯特**
>
> 我的牙痛持续了一年。当我终于去看牙医时，对方说他从来没见过这样的情况：蛀洞已经穿透了牙齿……

如果我牙疼，得到的信息就是我必须去看牙医来治疗。如果我吃了止疼药就不管它了，蛀牙就会加重，后果也会更严重。

如果我内心怀有愤怒，很有可能它与目前危机中存在的问题呼应，但它也与过去其他尚未解决的危机呼应。所以，逃避是一种病态的防御机制，这种看不见的暴力将我们未能解决的问题带给他人。

吉米

3年来，她一直对我说："我们在一起时我感觉很好，和你生活在一起很放松，我爱你。"而突然，她说的话和以前一点都不一样了。她谈到了暴力，谈到自己遭受过的批评……然而奇怪的是，我不记得我俩之间有任何不合适的言语或行为。另一方面，我知道她的前夫对她有过暴力行为，她母亲也对她多有批评，以及她有个前任曾经欺骗并装作没事人一样离开了她。

起初，我以为我就是她的出气筒，她把一切都报复在了我身上。后来我明白了，她是在通过模仿前任的行为来复原他们的角色，以恢复自己在其中所扮演的角色。此外，她还告诉我："你不存在于现实生活中。"

和拒绝分析冲突一样，拒绝分析危机归根结底就是让人体内的病毒保持活跃。这种机能失调只能通过否认来维持，我们通过采取某些行动才能让自己得到缓解，尤其表现为言语增多的症状，就像安吉拉的例子。

我们已经知道，逃避可能是一种病态的防御机制。不过我们还需要观察一种情况，即那些有害机制的情况。如果说我们之前思考得出的结论是"不要逃避和质疑自己"，在处于病态关系中时，最终得出的结论可能是："不要再质疑自己，让自己远离这种关系。"在安全得到保障后，我们总是有时间对自己进行分析并质疑自己的。问问自己，为什么之前需要保持那样病态的关系。

投射性认同

再来看看投射性认同的例子，它指的是将自身的缺点归咎于他人。它会让人陷入疯狂。如果你因为某件事受到他人合理的责备，你可以请求原谅并尝试做出改变；或者相反，你可以说你是故意这么做的，你就是这样的人。所以，存在不同的可能性。但是如果他人对你的责备是不合理的，且你在抑郁期间受到了这样的责备，那么尝试改变就会让你发疯，因为在任何情况下你都无法证明自己。例如，当你没做错什么事时别人说不信任你，且这些指责发生在你情绪比较低迷时，刚好他人的行为又展现出他们对你的怀疑，那么，你就会因为想要为这种无中生有的事情进行自证而筋疲力尽，而且你无论如何也无法证明自己。

绝对不要相信这样对你说话的人，对方实际上是要求你证实他仅从自身看到且无法忍受的东西是合理的。投射性认同应该从矛盾的角度来看待，它是一种罕见的暴力病态机制。投射性认同将精神一分为二，让受害者发疯并陷入困惑，直到无法再回应，从而让制造投射性认同的一方完全掌控受害者。

如果你在重复的责备中迷失了自己，就用“我”来替代“你”。例如，将“你不值得信任”替换为“我不值得信任”，将“你是个废物”替换为“我真的很害怕自己是个废物”。

和本书类似的书籍意在让人意识到这些现象并摆脱困惑。但我之前说过，这样的难题没有解决办法。事实上，面对这样的难题只有一种选择——停止对话并离开现场。

替代

吉米

她希望我们可以成为朋友。我是这样回答她的：

“首先，我不认为我们的关系可以由‘我们是否是朋友’判定。当然，你是我的朋友，但是你也是我的爱人、伴侣、情人、妻子，我的‘亲爱的’，以及，虽然我有些羞于这么说，你也相当于是我妹妹……所以我不是你的朋友，我的身份有很多。

“我该如何向你解释这个悖论呢？要成为你的朋友，我就必须放弃其他的身份。你是我的伴侣，我认为我们此生注定相遇，我不明白为什么上天要我们这么晚才相见。你是我唯一认定的伴侣，哪怕时间流转，我也不会放弃这样的想法……

“亲爱的，我爱你，过去和将来都是如此。你无须为此感到抱歉，友谊是没有性的爱情。我爱上你了，我会一直爱你。但是我觉得几年过后，痛苦就会减轻一些。多少年呢？我不知道，或许三四年吧。如果你真的希望我们成为朋友，我们就必须3年不联系……之后再说其他事情。

“我求你永远不要怀疑我的爱。予你温柔的吻。你的朋友”

对此，她说她一直希望我能告诉她这些。所以这些话为时已晚，我们在一起快4年了，我不得不一遍又一遍告诉她我爱她。通过她的回答，我明白了我们之间的分歧在哪里。她之前对我说话，但是谈论的话题却不是我。

有时候，我们会置换或替换对象，也就是说，我们可能会责备某人，但实际我们应该责备的另有其人。要么是因为我们做不到责备那个该责备的人，要么是因为我们害怕失去或是伤害他，抑或对他有爱恨交织的模糊情感。在这种情况下，我们会同那个该责备的人保持良好的关系并对另一个人说出指责的话。因为这些话我们不敢对前者说，所以后者就成为一个垃圾桶，成为替代他人遭受投射的出口。

在上一本书中，为了解释何为替代，我举了一个例子：一位年轻的女性曾在童年时期遭受来自母亲的暴力。当她母亲住院时，她负责照顾母亲并最终明白了母亲是爱她的。第二天，之前一位如母亲般对待她、拥抱她的同事拿走了她的手机。她非常生气，朝那个人冲过去想要掐死她。我认为，这样的谋杀倾向很明显是这位年轻女性从小对母亲、对母性角色的一种致命冲动的转移。为了爱自己的母亲，这位年轻女性不得不将自己一分为二。

内摄性认同

从较低层面来说，伴侣间融合的一面会让我们或多或少认同对方。如果我们的伴侣犯了错或出了丑，我们也会因此感到尴尬。在这种情况下，我们可能会表现出看不起对方的样子。这跟我们之前提到的机制相比似乎不是那么暴力，但你要是看到伴侣不赞成甚至轻蔑的目光，你肯定会将此视为一种暴力。

拉奎尔

“为了能够忍受他，我不得不学会守好自己的一亩三分地（我自己的内心）。”

拉奎尔想说的是，有时候为了忍受来自伴侣的态度，她不得不学着不认同对方的行为并停止替他感到羞耻。

我们都是独立的个体，本应爱我们的人羞辱或谴责我们，就相当于向我们施加难以言喻的、看不见的暴力，将我们置于两难的境地——我们不得不接受嘲笑，或是让自己变成另一个人以赞同那些批评。如果一个人无法忍受他人的独特性，那或许是他自己的错。

嫉妒

嫉妒的根源多种多样。它可能来源于他人，可能来源于我们自身，也可能来源于我们的经历。

如果我们的嫉妒来源于他人，那是因为对方的行为让我们觉得不妥，无论这种行为涉及引诱还是不忠。在这种情况下，我们不得不在内心爆发一场辩论，并以共同的道德准则扪心自问。对配偶的不忠本质上不是身体的出轨，而是让伴侣依旧在心里认为自己对他/她是忠诚的。

在我们的生活中，扪心自问有没有说谎，或者更笼统地说，扪心自问是否遵守了生活的道德，是非常重要的。人每次撒谎的时候都会创造出双重现实，即自己口中的现实以及真正经历的现实。这对他人和自己都是有害的，所以一切都符合看不见的暴力的范畴。

当谎言存在时，对方是知道的，但是他没有意识到自己是知道的。事实上，人与人的沟通渠道（非语言的沟通）有很多，语言沟通仅仅是其中一小部分[1]。涉及家庭的心理治疗师都很清楚，一个家庭的秘密可能会导致几代人出现严重症状。

受害者有一种特殊的防御机制，它可能与否认类似。当

1　语言的字面意思只占沟通内容的7%。——作者注

主体面对某种难以想象的情况时，这样的事情就会发生。例如，一个从不说谎，连说谎的念头都没有的人，甚至不会想到自己在说谎，这样的情况轻则导致某种原因不明的疾病，重则会让人在这种状态下无法反应或思考，对正在发生的事情都毫无概念，更不用说做出反应了。

问题可能出在我们自己身上。这是一个与内心缺乏自信相关的自恋问题，这个问题之后又被投射到了他人身上——可能明显表现为对方离开并欺骗了我们，也可能又一次表现为投射性认同。

海梅

当我们遇上不顺心的事情时，有时候我会想到我的邻居。当我们在楼梯上相遇时，她总是会让我露出笑容……这样的想法缓和了我们在这段关系中遇到的困难。我意识到，当我有这样的想法时，我就会感到嫉妒……我从来没告诉过她这些，我与邻居之间也从来没发生过什么。

海梅的例子严格来说不是一个投射性认同的问题，因为他还没有采取行动。海梅满足于通过某种幻想来忍受一段艰难的关系。幻想的存在就是为了缓和现实，大多数幻想都是秘密存在的，也不会损害这段关系。

我们之前所了解的投射性认同是伴随行动的，大多数情况下都伴随着指控与投射，指责对方让我们无法信任和感到嫉妒。我们其实是处于病态的自恋机制之中。

> 阿德里安的父亲是一名商务代表，总是周一离家工作，周五才返回。他不在的日子里，阿德里安与母亲一起生活，甚至睡在一起。父亲回来后，一切又发生了变化，阿德里安被赶回了自己的房间。
>
> 成年之后，阿德里安有着病态的嫉妒心。当他的伴侣离开他时，他就想自杀。他显现的症状与当下的经历无关，毫无疑问，这是他童年时期感受到的愤怒与恐惧再次被触发了。

嫉妒也有可能来源于我们过去的经历。我们可能在与父亲或母亲带有乱伦意味的关系中感到被欺骗，或者我们可能目睹过父母的不忠行为。所以我们下意识地认为，夫妻等于不忠——这可能就是当前现实中某些病态或不合理的嫉妒的根源。

> 母亲有一个情人，女儿科琳娜知道这件事且必须保守秘密。母亲与情人见面时，有时候会把科琳娜带上，她把科琳娜放在朋友家里或让她在车上等她。于是，科琳娜面临双重约束：要么保持沉默，背叛她的父亲；要么说出真相，背叛她的母亲。她来进行咨询是因为她无法信任她的父母，或认真对待他们。

有时候，我们让别人在无意识的情况下承受我们自己的问题，这也属于看不见的暴力。要想摆脱这样的暴力，受害者或许要在自己身上下些功夫。佛说：“己自护时即是护他，他自护时亦是护己。”

嫉妒不符合常理或愈加离谱，就可以被称为偏执了。偏执是一种精神病症状。毫无疑问，主体将自身的暴力投射到了他人身上，从而让自己的疯狂具有正当性：“我认为你恨我并且想要攻击我，所以我恨你并攻击你是正常的。”

那这与投射性认同有什么区别呢？几乎没有区别。偏执是一种精神病症状，投射性认同是病态自恋的一种症状。病态自恋机制都属于对抗陷入疯狂的防御机制，主体利用这样的机制将自己排除在精神病之外，同时将错误归咎他人。因此，病态自恋的防御机制通过投射性认同，试图在虚假现实中进入正常的状态；偏执狂则是陷入了自己的妄想之中。[1]

还有一种被称为诱导性偏执的病症。诱导性偏执的主体会贬低自己，或因为一些明显不相关的事情而发火。这是一些病态自恋机制的受害者在成为对自己施暴的施暴者后导致的：他们要么身处由投射和其他矛盾的指令所助长的火焰之中而感到愤怒，要么突然陷入沉默，一直想象他人会如何责备自己。

幻觉

杰拉德和尤兰达一起生活了19年。他们买了1

1 有趣的是，解离焦虑是精神焦虑中的一种。解离会将个体分成几部分或几重人格，病人通过投射让自己的一部分承担错误责任。也就是说，人可以对个体进行分离。——作者注套房子，养育了3个孩子。杰拉德突然不告而别，从此杳无音讯。他离开之后，尤兰达发现杰拉德曾以两人的名义贷了款，还卷走了一大笔钱。

与他人决裂之后，人会经历一种类似哀悼的过程。否认、愤怒、悲伤等机制开辟了通向坚韧的道路，遭受失去的痛苦后，人们重组自己的生活。

吉米

我们在一起三年半之后，她在电话里提了分手。之后的半个月她都没再联系我，最后她给我发了一封邮件："把我的东西都放在朋友家吧。"

我从来没觉得自己这么被人看不起过，我从来没觉得自己是这么无足轻重。

沉默造成了一种自恋的伤害，阻挡了哀悼这段关系的进程。因为没有可以发泄愤怒的对象，尤兰达和吉米将愤怒转向自己并陷入沮丧。未被表达的愤怒需要寻找出口：强迫性的想法，难以形容的愤怒、沮丧等，都是与缺乏沟通相关的症状。除此之外，他们还陷入了强迫性的念头中，希望能够明白“自己做了什么才有这样的下场”。他们自言自语：“有一天我说了这样的话……”“有一次我做了那样的事……”由于面前没有任何发泄的对象，他们开始贬低自己，忘记了问题的根源实际在于那个不在他们面前的人。

我之前也在其他场合提到过某些非常具体的病态症状，令人惊讶的是，这样的症状一直存在：引诱、孤立、心理拼贴、自贬、对他人的话语不屑一顾、投射性认同、矛盾的指令，等等。而无声无息地消失有所不同，因为其中并不存在心理拼贴、孤立或投射的症状。但是我发现，这些症状之间存在关联。

全能

吉米

3年来，她告诉我：“我爱你，和你在一起我感到很放松，接下来的15年我也想跟你在一起……”然后，在没有发生任何事情的情况下，她的态度就改变了。我感觉在她眼里，我是无足轻重的……

拥有自恋型人格障碍的人大多充满自大的感觉。他们能够通过自己的话语创造或摧毁现实。他们必须诋毁他人，因为他人或许会展现他们真正所处的现实。

对他人的话不屑一顾

吉米

当她给我打电话希望正式分手时，我告诉她，我早就等着这一刻了。她回复我说，这只是她的一种心理投射。我有一种感觉：无论她说什么都没有意义，因为这一切都只是她的投射。我们从来没有对此进行过任何讨论，后来我给她写了一封长信，她也从未回复我，要么是因为她没收到信，要么是因为她根本就没读信……

通往病态行为的道路

尤兰达

经过一番调查，我终于有了他（杰拉德）的电话号码。在他离开6个月后，我终于能和他通话了。

我告诉他，他可以和孩子们说说话。他回复说，他尽量在两个月后回来和孩子们一起过圣诞节。到了圣诞节那天，我举办了一场聚会，把孩子们都安排得好好的。当然，他并没有来。但是晚上11点的时候，他给一个女儿发了消息，说他那天一直和自己的母亲待在一起。我女儿问我，为什么父亲给她发了那条消息，我不知道怎样回答她。我也不明白，为什么他只跟女儿联系……

吉米

我给她（安吉拉）打过一次电话。她告诉我，她正跟孩子和朋友们解释她离开我是因为我疯了。我问她凭什么这么说，她又不知道怎么回复我了。我可以理解，她诋毁我是想在朋友面前替自己开脱，但是我不懂，如果不是为了伤害我，她为什么要这样对我说。

毫无疑问，实施病态行为的过程中，施暴者一定存在某种施虐的快感。这也使我认为“自恋虐待狂”这个术语更加贴切了。

我们可以在杰拉德和安吉拉的行为中发现儿童的退行行为。杰拉德会和母亲一起度过假期，安吉拉要向别人解释为什么她又单身了。因此我才会说，病态自恋者就像成年人的身体里住了一个孩子一样。

注意

我们要记住，我们所面对的大多是之前遭受过虐待的孩子，哪怕受害者想要摆脱这样的地狱，这种病态的症状依然会存在于其自身的心理结构中。尽管能暂时松一口气，他们所承受的伤害总会一次又一次让他们回到原点。希望有一天，他们能够找到帮助他们摆脱困境的道路……

尤兰达和吉米正在经历巨大的痛苦，但如果他们做出了正确的努力，就会在摆脱痛苦之后变得更强大。

我们应该担心的其实是安吉拉和杰拉德。安吉拉表现出的症状都属于分离性障碍，这至少表明她处于重度抑郁的边缘；至于杰拉德，他表现出的症状属于精神代偿失调。

面对这类行为时，我们有必要让自己远离。哪怕彼此相爱，让自己置身于助长其精神投射的火焰中也没有意义。继续充当另一个人的安全阀是没有用且有害的，甚至还会阻止对方为了痊愈而必须经历的崩溃并寻求帮助的历程。

保持距离，放弃虚假的忠诚和许下的承诺。如果继续留下，不就是让对方感到内疚吗？不就是角色互换了吗？这意味着以一种更阴险的方式替代对方成为施暴者。我还记得劳拉和尼古拉斯的故事：

> 他们是一对恩爱的伴侣，在成年后相识，各自带着自己的孩子。他们自然而然地相爱了。
>
> 过了一段时间，劳拉心里有些不舒服。尼古拉斯和她在一起有时候似乎心不在焉，但他和其他人能够说说笑笑。她问他是否有什么问题，如果有话要讲，就告诉她。
>
> 她每次得到的回复都是一样的。尼古拉斯总是笑着对她说："你可真是个小傻瓜！"
>
> 她平静了一段时间，但之后那样的痛苦又出现了。她又问出了相同的问题，也得到了相同的

回答。

劳拉失眠了。她对自己说：我是个很棒的人，一切都很好，他是个值得信赖的男人，他向我保证过不会欺骗我。

但是头上悬着的那把剑终于还是落下来了。有一天，他望着她说："我要离开你了。"

她除了问"为什么"之外不知道该说什么。她结结巴巴地问："你有其他人了？你已经不爱我了？"

他没有回答，只是小声说了句"抱歉"就走了。没有任何解释，也没有留下一句话。

她在家躺了好几天，不知所措，也无法理解……

需要再次强调的是，尽管冲突并没有发生，这也是一种可怕的暴力。

职场与社会中的暴力

当某种姿态有了装腔作势的性质时，诱惑就变成了骚扰。

——塞尔吉·泽勒（Serge Zeller）

导致看不见的暴力氛围的机制，存在于我们现实生活的各个领域。我们可以好好思考一下职场中的一些特殊情况，包括那些被采用的机制及其潜在动机。

假设我们处于竞争状态，健康的竞争会促使我们尽力而为，病态的竞争会导致我们想要摧毁别人，大多数情况下还会使我们筋疲力尽（越来越多的人承受着心理倦怠的痛苦）。这和我们反思童年时期时提到过的想法类似。了解这种病态竞争的根源是很重要的。

从内部原因来看，过度自负与自恋的缺陷可能同时存在。需要再次强调的是，从个人角度出发所付出的努力，能够让我们周围的人摆脱这样的暴力，但最重要的是，这样做能够让我们自身摆脱这种致命压力的根源。

宝琳娜总是赶在最后一刻才开始工作。紧迫感给她带来的压力于她而言恰到好处。但过了一段时间后，她来进行心理咨询，原因是她对同事过于咄咄逼人，而且还睡不好觉。

我试图向她解释：随着时间推移，她这种工作态度是有一定害处的，不过其中还有一些可以利用起来的能量。例如，当你开启一项工作时，就会产生动力。这种能量可以被利用起来，帮助我们完成目标。那些寻求紧迫压力的人就忽视了这样的能量，在等待真正的紧急情况出现的同时，延缓了对这种能量的使用。要想摆脱这样的情况，只需要意识到这一点并改变自己处理事情的方式即可。[1]

我们应该学会在没有这种紧张感的情况下工作。积极的压力能够充当我们开启工作的动力。然而，一旦这种压力被过度利用，它就是不健康的。事实上，压力是我们身体上的一种紧张感。通过采取行动将我们的工作付诸实践后，我们就可以减轻一部分压力；但是在我们完成目标后，这种紧张感很有可能依然存在。随着时间的推移，这些压力一定会逐渐累积，也正是这些累积的压力导致的症状令我们感到痛苦，使我们试图通过以下这些不当的方式来发泄：攻击性的态度、抑郁、心理倦怠……

因此，压力就是我们强加给自身的暴力，我们还有可能将这样的暴力强加给周围的人。

不仅是内部原因导致了压力的产生，压力也有可能源于施加在我们身上的外部因素。可能是与我们所处环境相关的自然原因，比如噪声。了解并清楚地意识到这些因素，是很

1　关于这个话题，可参考保罗·卢曼斯（Paul Loomans）的《以不同的方式管理你的时间》（*Gérer son temps autrement*）。——作者注

重要的。因为之后我们可以看看是否有可能减轻这些因素的影响，或消除它们（以噪声为例，可以试试戴耳塞）。

由于无法从根本上改变这些外因，归根结底，我们必须从自身出发处理这些问题，了解、命名并用语言表达出这些因素也是非常重要的，这样做能够削弱一部分无意识产生的压力。因为当我们面对问题时，我们很可能会采取鸵鸟政策，表现得好像问题不存在。要想克服这样的心理，我们就得采取某种需要付出很大努力的机制，即衰退机制，这种机制经常和分裂机制等其他机制共同存在。为了面对某种压力过大的情况，我们可以假装问题不存在，或是先不理睬我们正在经受的压力。罐子装满时就会出现问题，因为此时需要其他能量来保持盖子盖紧。这种能量在精神病理学中被称为“反精神宣泄”。总之，仅仅是意识到并表达出我们的问题，就能够让我们重新得到原本投入“反精神宣泄”的能量。

不好好照顾自己，是一种施加在我们自身和他人身上的暴力。

即使来源于外部的压力可能是自然而然产生的，它或多或少也是有指向性的。它可能来自第三方的嫉妒、某种动态的管理形式，甚至来源于个人或群体病态自恋的机制。

> 我们的主管总是推动着我们尽可能取得最好的成果，这会使他能够在管理层面前表现出众。一有机会，他就羞辱和贬低别人……我们部门的人员流动率很高，员工不愿留下来，许多人还陷入了抑郁。管理层认为这是管理团队的一种方式，但是最终我明白了，当我们取得好成绩时，主管将一切都归功于自己，但这也使他陷入了危险，因为我们才是他成功的根源。这或许就是他在鼓励我们尽力而为的同时贬低我们的原因。

病态自恋的防御机制源于自恋的缺陷、矛盾及难以共情。上述例子中的主管从下属的工作成果中获利，同时也因为下属的能力而感到威胁。我们可以从他害怕下属的能力看出他自恋的缺陷。这个人对周围人实施的矛盾行为，源于他对自己的不自信、对他人的需求，以及自身价值引发的焦虑。由于缺乏同理心以及忽视他人的痛苦，他在让别人感到不适时没有任何心理负担。

这明显就是我们之前研究的病态自恋机制。这些机制可能来源于某个人——父亲、上级领导、配偶，以及因他人的魅力、闪光点和智慧而产生嫉妒的人，也有可能仅仅是因为施暴者需要一个发泄的出口（替罪羊、儿童退行的症状等）；但是，这样的机制也可能源于一个群体、法人或教派等。[1]

众所周知，压力还可能来源于公司的政策或团体实行的工作计划。

人们曾用小鼠进行了一项实验：把5只小鼠放在一个笼子里，里面有一条管道通向有食物的房间。很快，小鼠就组成了一个社会。两只小鼠成为统治者；一只小鼠扮演“止痛药”的角色——团体内气氛过于紧张时，它就会被其他小鼠攻击；一只小鼠成为奴隶——它必须跟随统治者去觅食，而且只能吃残羹剩饭；还有一只小鼠是独立的，既不是统治

1 保罗-克劳德·拉卡米耶创造了“病态自恋”这一术语来描述服务机构内的病态现象。关于此话题的内容可以参考其著作《天才的起源》。——作者注

者，也不被支配，可以自主觅食。需要注意的是，其中压力最大的是作为统治者的两只小鼠，它们需要时刻警惕以保全自己的地位。

群体拥有自己的运行逻辑。一个群体就是一个带有自身界限、运行逻辑、需求等的个体。比如，一个团体或法人可以购买一些价值不高的土地，因为100年后随着城市周边的扩张，这些土地的价值会大大增长。当土地被转卖时，之前作出购买土地决策的人可能已离世，但团体一直遵从自己的运行逻辑，即区别于人类维度的逻辑。

正如一个人可能会想节食，一家公司也可能决定缩小自身的规模。

当萨尔瓦托准备去度假时，他的主管气冲冲地对他说："我们得谈谈之前发生的事情！"

萨尔瓦托问他是什么事情，但是主管说他现在没时间，等他度假回来再好好跟他聊聊，那件事后果很严重。

萨尔瓦托感到胃里一阵绞痛，因为他的主管留下了一个需要他填补的空白。有一种症状和偏执很相似，它是由突如其来的病态机制所导致的。萨尔瓦托成为对自己施暴的施暴者，他总是想着自己的工作。他所在公司的许多员工陷入抑郁，有些人还辞职了，员工人数因此减少。

萨尔瓦托遭受的暴力是相对明显的，而看不见的暴力效果可能更强烈，因为看不见的暴力使受害人把责任都归到自己身上。人们甚至可以带着微笑施加看不见的暴力：

宝琳娜的部门领导是一位很有魅力的女人。她脸上带着和善的微笑叫宝琳娜过去，开口说："宝琳娜，我很信任你，所以我要交给你一项艰难的任务。"

领导的信任让宝琳娜备感荣幸。

然而，她没有能力或方法完成这个任务。截止时间快到时，领导一脸失望地看着她说："我觉得你最多也就能做到这样了……"自此之后，领导再也没有交给宝琳娜任何工作，于是宝琳娜陷入抑郁，最终辞去了工作。

可惜，宝琳娜还不知道她其实落入了陷阱！

在法国，暴力性死亡的主要原因之一（是车祸的两倍）是自杀。一家公司的负责人决定裁员时说："员工要么从公司大门离开，要么就得从窗户跳下去。"这样说的目的是在不赔偿的情况下让2.2万人离开公司。结果，有90人自杀。要是一个人突然倒下，经过医院抢救无效而死亡，这个人会被认定为死于心脏骤停；要是一个人开车撞树，这个人会被认定为死于车祸。但如果你在法国经营一家公司，你就算下令"杀死"100个人也无须担心。

我们已经知道，看不见的暴力总是围绕着人们说出的话或憋在心里的话；一个轻蔑的眼神或一个傲慢的表情，很可能也具有同样的作用。看不见的暴力是病态沟通的核心。

病态自恋者偏爱的领域和最主要的武器，就是语言。

一般而言，我们社会中的某些角色应该像好父母一样代表正直。但是这个世界上有许多政客、企业家或牧师都曾犯下过性变态、撒谎、挪用公款等罪行。我们的孩子又如何在这样一个世界中自处呢？在一个道德如此缺乏的社会中，我们要怎样向孩子解释个人道德的重要性？

自相矛盾的宣传

在我们的世界中，环境问题已经变成了人们担心的重要问题。为此，法国安装了1万台风力发电机，每台设备的成本约为100万欧元。但是后来人们突然发现，半数风力发电厂的电量没有应用到任何地方。事实上，政客做出这样的行径既是为了满足选民，也是为了满足为他们提供能源生产工具的人。同样，人们鼓励单车出行，修建了自行车道；但是由于绿地建设也对环境有益，所以有些城市在自行车道上种下了树木，导致自行车难以通行。

我想起了一位法国总统候选人说过的话：他向选民承诺，如果人们给他投票，他将恢复充分就业。有位记者问凭什么相信他，他回答说，如果自己没把这件事办成，他就再也不敢来竞选了。这位候选人当选总统后，失业问题进一步恶化，然而他还是参加了连任竞选。

是时候明白那些政客真正的计划其实难以捉摸了。他们必须一次又一次地注意自己对选民的承诺和对真正掌权人的忠诚之间存在的差别。回到我们谈论的主题上来，我们应该明白，这样的矛盾是一种看不见的暴力。这种矛盾使人精神分裂——你会精神错乱并产生明显的暴力行为，要么是对自己的（抑郁、酗酒、滥用药物、自杀等），要么是通过某些具体的行为针对社会的（危害社会、欺诈等）。

某橙汁厂家研发了一款味道非常不错的饮料，但是它有一个缺点：饮料中含有沉淀物。厂家也不知如何解决这个问题，直到有一天，一家广告商建议厂家将这一缺点变为卖点，并且写出了这样的广告语："摇一摇，摇一摇，果肉摇匀才更好。"

矛盾和操纵存在于政治、广告、某些媒体和电视娱乐节目中。当孩子们在电视上看到喝饮料可以带来快乐，或是听说从某家银行贷款是很正常的事时，我们如何向孩子解释严谨的重要性？电视上的那些话似乎都不够严谨。同样，当大人教给孩子的游戏和清除弱者相关时，当政客们肆无忌惮地发表种族主义言论时，当某些小说中的描写能让读者轻易分辨反派或英雄的种族时，我们又如何教导孩子具有正义感呢？

刻板的语言和预防原则

不久前，我在一次电台采访中批评了预防原则的滥用，这种行为令我很生气，我在那次采访中还举了法国南部斗牛节庆祝活动的例子：如果市长所在的城市中发生了事故，市长是要承担民事责任的，因此，有些城市放弃了庆祝活动期间在街上放牛的传统。但这样一来，我们就放弃了自己文化的一部分。我刚说完就遭到了网友的攻击："他举这个法国南部在街上放牛的例子来说明预防原则，令我很惊讶，也让我有些失望（他的书我都看过，写得都很棒而且让我受益匪浅）。一些人仅仅为了娱乐就在这些动物身上施加的暴力，难道不令他感到震惊吗？"

但有趣的是，卡马尔格地区的公牛是欧洲最后的野生公牛，它们能够幸存都要归功于这一地区保留至今的斗牛传统；最重要的是，这些公牛并没有遭受任何暴力对待。

这里还有一个年轻护士的例子，她叫瓦莱里娅：

下班回家的路上，护理团队令人难以理解的反应让我感到郁闷又悲伤。我一直在想这件事，不明白他们为何会做出那样的虐待行为。为什么不让弗朗西斯科和朱丽叶继续相爱，直到人生终点呢？

弗朗西斯科和朱丽叶是两位无法自理的老人。他们住在同一家公寓里，两人总是在一起，只在晚上分开。他们是相爱的。他们的房间在同一层，两间房紧挨着。弗朗西斯科有身体和精神上的残疾，脸上总是挂着笑容，张着没有牙齿的嘴巴。朱丽叶患有阿尔茨海默病，她温柔的眼神让我们觉得她是个拥有美丽灵魂的人。弗朗西斯科是个鳏夫，朱丽叶是个寡妇，他们总是手牵手，像一对真正的爱侣一样相互照顾，展现出甜蜜亲近的样子。当弗朗西斯科一个人在房间时，他会沉迷于肉体的快乐，进行自慰。朱丽叶已经确信弗朗西斯科是她的丈夫，所以她天天和他待在房间里，两人陷入爱情。

直到有一天早上，护士惊讶地发现朱丽叶还在弗朗西斯科床上。护士被这场面吓了一跳，把这个消息告诉了整个护理团队。团队决定把弗朗西斯科和朱丽叶分开，理由是有必要保护朱丽叶免受弗朗西斯科的伤害。他们相爱了20年，两人就住在彼此隔壁，彼此陪伴和依赖。而现在，他们给弗朗西斯科换了一个离朱丽叶很远的房间，在养老院另一侧的最后面。弗朗西斯科在他的新房间里感到很迷茫，不明白发生了什么。他的脸上失去了笑容，感到害怕和悲伤，执着于寻找朱丽叶。朱丽叶也很迷茫，也不知道发生了什么，同样感到害怕和悲伤。

碧姬·莱尔（Brigitte Lahaie）曾在电台节目中说，女人在被强奸的过程中可能是有快感的。但她立刻就被无数协会和媒体钉在了耻辱柱上，事情闹得沸沸扬扬，以至于这位主持人不得不在镜头前流着眼泪公开道歉。

身体上的享受程度与内心的紧张程度及身体释放这种紧张的可能性相关。因此，人在被折磨的过程中有快感，其实是有可能的。

我记得有一位年轻的女性小时候曾遭受父亲的虐待，她来进行心理咨询是因为她时常感到痛苦且无法相信男人。过了很久她才敢告诉我说：“其实，起初几次遭到虐待时，我当这样的经历是一份美丽的礼物。”

这个孩子曾经因为自己比母亲更讨父亲欢心而感到高兴，但后来她明白这是不正常的，因此她感到羞愧和内疚。因为她能够表达自己的主要感受，所以她也能明白，自己没有做错任何事，该被责怪的是她的父母（父亲做了错事而母亲视若无睹）。令人惊讶的是，结束创伤性经历的可能性也取决于一个人原谅自己的能力——不为自己没犯过的错而责怪自己。

宗教法庭和由“品行端正”“思想高尚”的人组成的团体，阻碍了我们观察创伤性场景的全貌。人们只能说出伦理道德认可的事情。痛苦与创伤性事件本身紧密相关，同时也与这种创伤无法被表达紧密相关。人们应该具有流畅表达自己的能力，而且，哪怕表达时犯错又能怎么样呢？

我想感谢碧姬·莱尔的勇敢和她的影响力。我们需要像她一样敢于抛开“政治正确”并自由表达思想和言论的人。

经历过后更加强大

那些危机、不适和病症都不是偶然出现的。它们引导着我们纠正轨迹、探索新方向，体验另一条人生道路。

——卡尔·古斯塔夫·荣格（Carl Gustav Jung）

意识到看不见的暴力是很有用的，这让它显现了出来。因此，仅仅是有这样的意识就已经起到了治疗作用。

米雷娅有睡眠障碍和焦虑症状，她还提到自己有耗竭感。当我们寻找问题根源时，米雷娅意识到，她的症状是在她的新主管上任不久后出现的。提到主管，她意识到那个男人的态度很不好而且说话自相矛盾。那么接下来的问题是：继续工作并接受新上司的折磨，还是辞职然后失去经济来源？

由于薪水不错并且她喜欢这份工作，她选择了一个折中的办法：继续留下工作，但暗地里寻找新的工作机会。这时，尽管她还在原来的公司，但大部分症状消失了。

直面并说出自己所遭受的看不见的暴力，就足以使米雷娅缓解自己的不安。除此之外，她的态度也改变了：她不再消极，而是在寻找新的工作；她不再落入设置好的简易陷阱，甚至还能在解读上司可悲的行为时笑出声来。所以新情况发生了——她做出了改变。

我们这些希望摆脱无形暴力枷锁并变得更强大的人，或许能够从美国精神分析学家埃里克·伯恩（Eric Berne）的著作中受到启发，他对我们作为儿童、父母和成人的心理状态有广泛研究。

人们在隶属关系或情感关系中经常会代入孩子或父母的立场，而且常常是下意识地代入这样的立场。例如，如果我的部门主管将自己定位成父亲的角色，我就倾向将自己代入孩子的角色——要么听话，要么叛逆。

米雷娅在充分意识到这一游戏场景后，采取了成年人的立场，迫使她的上司离开或同样代入成年人的角色。

当我做出改变时，我周围的世界也会发生变化。

做回大人

理想状态下，人的内心存在一种心灵实体，阻止人采取有害的行动。或许某些人的心灵实体很软弱，有些人的则比较强势。这一“超我”并不是与生俱来的，而是在成长过程中产生的。

> 让我们来观察一下某个孩子。我们准备了一些开胃餐点来招待朋友，在咖啡桌上放了一盘糖果。现在，我们让一个不到2岁的小孩子过去。他一看到糖果就瞪大了眼睛，跑向桌子，张开双手，抓起糖果塞满嘴巴。小孩子没有任何是非观念，想要某样

东西就一定要得到它，他们还没有内化任何禁令。

一年之后，我们又重复了同样的实验。当孩子看到桌上的糖果时，他先是走过去伸出手，又突然停下。他转过身来观察我们，意在寻找一个和善或不允许的眼神。

不要误会了，孩子的困扰本身并不是因为害怕惩罚。他实际害怕的是可能会失去家长或相关人员的爱，这可能会结束他们之间的合作关系或意味着被抛弃。

因此，超我的投射是自恋的。他人代表着规则，我们应该尽一切努力让自己配得上对方的爱，而不是冒着可能被对方抛弃的危险做事。一般情况下，孩子会表现得足够安静，这样他就不会害怕被抛弃了。孩子对惩罚的恐惧和惩罚的严厉程度相关。哪怕在今天，面对100欧元的罚款时，难道我们不会比面对10欧元罚款时更加谨慎吗？总之，孩子会整合规则。如果没有遵守规则，孩子受到的惩罚就是针对内心的，即内疚。

很多时候我们都生活在自身之外，我们的痛苦大多来源

于害怕失去他人的爱或害怕违反规则。在童年时期，我们大部分时间都在创建自己对周围环境的认知，并觉察自身与世界之间的互动。甚至成年之后，我们也依旧担心对自身的认知和他人对我们的期望之间有所不同。这很复杂，对吧？

要想摆脱这种人际暴力的恶性循环，我们就必须摆脱这种自恋心理，也就是说，接受自己成年人的身份。何乐而不为呢？有一天我们可以明白，所谓的缺陷其实是完美的一部分，我们的缺点也是我们美丽的一部分。我们必须学会接受自己本来的样子，接受他人本来的样子；或者不接受也行。不接受的情况下，我们就会明白任何抛弃必然都是一个好消息，因为把不爱我们的人留在我们身边也是很痛苦的事情。

所以，为什么要试图改变他人呢？为什么会想要引诱并改变对方呢？爱一个人就是全盘接受对方本来的样子，接受对方的所有。

想要改变对方，就是承认我们不喜欢对方。

自己想做出改变，就是否认对方不喜欢我们。

我们的信仰和文化都是产生这个问题的部分原因。

当时，我正在巴塞罗那就因果报应的开端发表演讲。我解释说，这是一种与我们的行为相关的能量，它就像回旋镖一样，之后又会回到我们身上。一位女士站起来对我说："所以按你所说，除了要受到报应，我们还是有罪的！"

我们害怕成为必须被清除和抛弃的罪人或替罪羊，这无疑说明了为什么法西斯主义者在选举中如此受欢迎。因为指出那些与我们肤色、口音或宗教信仰不同的人是轻而易举的，这能很好地保护自己。

只要我们的思考还依赖他人的眼神和话语，我们就一直是大多数看不见的暴力的受害者，并要为此负责。害怕成为罪人使我们变得脆弱，成为别人的潜在猎物——别人会认为他们有能力操控我们。要找准自己的位置，对自己去理想化，接受我们是可能失败的，接受我们仅仅是一个平凡的人，这样一来，我们就能远离他人的评头论足。

那么，我再一次提出这个问题："病态自恋教会了我们什么？"我还是不会否认之前的答案。研究病态自恋机制，了解是否有某种障碍存在以及我们是否想远离它，是很有趣的。

不过当上述问题解决时，我坚信这个问题教会我们的是另一件事。

当吉米告诉我"我从来没觉得自己这么被人看不起过，我从来没觉得自己是这么无足轻重"时，他其实是在表达一种自恋的伤痛。当然，这种伤痛是他爱的人造成的，他需要依靠她来进行自我疗愈。但我认为，是我们本身自恋的缺陷给予了他人通过语言构建或摧毁我们的机会。毫无疑问，吉米必须学习践行某种关系并为自己创造一个更好的环境，但是他也需要明白，自己并不是无足轻重的——任何人都不是。并不存在什么弱者，让人相信自己是弱者是一种严重的操控行为，而相信这一点就相当于向病态自恋者敞开心扉。

安吉拉确实在背后捅了吉米一刀，但是吉米正是给她递刀子的人，他其实应该为此承担责任。

将你的目光向内

我在巴塞罗那解释因果报应的开端时，试图描述一种机制：如果你扔出一个回旋镖，它又朝你飞回来，就不能将它看作一种惩罚！而从那位打断我的女士口中听到的是：她想让我为她的错误负责，将自己从受害者的角色转变为迫害者的角色（我现在确实对你感到内疚了）。

有趣的是，那位女士展示了一种我们之前提到过的防御机制，即投射性认同。这是一种自恋防御机制，和其他机制一同属于被我称为病态自恋防御机制的范畴。面对内疚感时，似乎责怪他人就可以使自己摆脱内疚的痛苦。

如果我们犯了错或导致了误会，我们可以试图弥补、为此承担责任，必要时还要道歉。只要做到了这些，我们就无须为此事内疚了。下意识地感到内疚或认为自己应该因不好的事情受到惩罚，是小孩才有的表现。我们所谓的内疚，往往是一种害怕被抛弃而产生的痛苦。

但是让我们来听听我们对孩子是怎么说的："你是个调皮鬼……""你受到惩罚是应该的……""是上帝惩罚了你……"等等。我们总是将孩子带回他们对自身的认知或看不见的阉割者面前。害怕被抛弃、害怕成为被指定的罪人或害怕上天的责罚，都属于自恋型焦虑。病态自恋在这种缺陷中占了上风。说到因果报应的概念，正如我所理解的那样，其意图并不是让我们感到内疚，而只是让我们不要再扔回旋镖了。

当然，我要对自己扔出的回旋镖负全部责任。负责和承担过错是我们容易混淆的两件不同的事。我们之前说过，"负责"指的是为自身的行为承担责任，反之就是不负责任。难道我们倾向做个不负责的人吗？

我为自己的行为负责，

负责好好照顾自己，并独自为自己选择的道路负责。

问答[1]

问：无明、深奥的因果报应，在禅宗和精神分析中皆存在。如何找到你的道路？通过坐禅，无明的面纱终将落下，但是，我们能摆脱因果报应吗？

答：因果报应的能量就像河流一样流动着……保持耐心和信任……继续你的冥想。

问：我应该相信前世吗？

答：过去已经不存在了，未来也不存在。让自己关注当下。如果你想要了解自己的过去，就观察自己当下的样子，这就是因果报应的结果，它是过去赋予当下的能量。如果你想了解自己的未来，也请观察自己当下的样子，你的未来就是你当下行为的结果。

不要自欺欺人。他人批判我们时并不是要我们审视自

1　原文mondo，指的是与禅宗大师的问答交流。——译者注

己；相反，这是一种夺取权力的行为，迫使我们屈服于对方的目光和判断。当安吉拉批判吉米并质疑他的话时，她其实是在试图保护自己。当她说“他疯了”并且在社交圈玷污他的形象时，她本人是完全不承担责任的。

要想摆脱这样的困境，吉米必须忘记安吉拉的羞辱并重新审视自己的内心。令人惊讶的是，审视自己的内心就是摆脱自恋的开端。

自恋不是观察自己，而是试图从镜子中观察自己。正是由于无法好好观察自己，人们才代入施暴者或受害者角色，产生病态自恋。

我们并不能通过批判病态自恋来摆脱看不见的暴力，但是这样确实能够让我们将目光转移到自己身上来。

冥想就是研究自己。研究自己就是忘掉自己。忘掉自己就是被天地万物所认可。

——道元

为了不再成为他人的玩物，也为了让自己成长，或许是时候将目光转向我们的内心了。

生活的变动

我思非我在，我在非我思。

——雅克·拉康

正如我们所见，一个人首先是由他的轮廓、皮肤、拒绝的能力、界限等所定义的，人就像是一个容器。

勒内·笛卡尔对自己的存在产生了怀疑。他在冥想时问自己："如何证明我看见的一切是存在的？""什么能证明我的存在？"多亏了"我思故我在"这一突破性的思考转折，他才从他所沉迷的各种推论中跳出来。

一旦容器确定下来，我们就会明白它影响着周遭世界。很有可能是因为人从镜子和他人眼中都可以观察到这个容器的样子——"我是我所展示出来的样子"。当容器被观察到后，我们便想要确定其中的内容——"我思故我在""我食故我在”“我拥有故我在”。

思想上第一阶段的变化，即为了满足外观而存在的需要，属于自恋，包括身体外观、文化风貌、表面现象等。思想上第二阶段的变化则属于神经症的范畴：满足自我的需要（暴食症、强迫性思想、吝啬等）。

弗洛伊德研究了第三阶段的变化，其中包括想对周围环境留下某种影响，以及想拥有某种权力。在幻想中，这种权力可能会通过各种各样的形式来体现：一辆漂亮的车、一个银行账户、令人嫉妒的美貌等等。终于，我们来到了第四阶段——放弃这种权力幻想，它将会引导我们拥有完全成熟的性格。

社会使我们倒退，各种广告也是如此：“这款面霜你值得拥有……”“快来购买这辆功能强大的车……”“要是你50岁还没有这样一块表，你就白活了。”我们的社会价值观是幼稚的，以这样的价值观，难以领导成年的民众。因此，大众的低幼化成为维持腐败权力所必需的、看不见的暴力。腐败权力的领导者也具有低幼化的性格特征，他们对他者性一无所知，更不用说对整个生态了。

如果说自恋缺陷会导致人的内心缺乏自信，那么相反，“成功的”自恋会增强人的自信。所以，值得一问的是：“我们一般所说的自恋，会把我们引向何方？”

如果种子发了芽，幼芽将会长成茎，茎上又会长出叶子、开出花朵。花朵为世界带来芬芳和美丽，然后凋零，又将种子散落到大地上。等到下一个春天，又会开始这样的循环……

矛盾的是，以自我为中心的自恋者从来不会审视自己，而是从他人眼中来看自己。审视自己，意味着走上了摆脱自恋的道路。

当我们受到病态人格、崇尚全能的宗教、病态政治等的影响时，我们就完全无法质疑自己；需要再次强调的是，这里所说的是一种权力的夺取，是对我们认知自身的掌控。

那么，病态自恋教会了我们什么呢？

当病态自恋的人格对我们进行批判时，它并不会指出我们表面的缺陷，而是展现我们的敏感，以及我们对犯错、被轻视、被抛弃等的焦虑。想象一下，当有人对你说“你什么都不是”或“你疯了”时，你回答“是的，我知道”或“不，你错了”，问题就解决了。这样回答让攻击就像一拳打在棉花上一样。

认识你自己。专注于自己并找到自我，就相当于削弱对方的力量。去理想化，接受人都是有局限性的，摆脱完美和全能的幻想，这样，我们才能享受美好的自由，摆脱自恋的掌控。

赋予病态自恋力量的人，其实是我们自己。病态自恋是一种病症，我们拥有这样的症状。

在我看来，症状传递了信息。如果人们不理会它，它就会一次又一次出现，每次都比上一次更强烈。但是如果我接收到了信息，这条信息就不会起作用，症状就不会持续下去了。任何症状只要得到了关注，就不会再起作用，并最终消失。

镜子中的倒影有助于我们了解自我，将自我和他人区分开来。镜子中的倒影是我，但他人眼中的我也是我。

如果我微笑，我和我的投影都会微笑；如果我担忧，我和我的影子都会担忧。镜子中的另一个我拥有支配世界的力量，正是因为这样的力量，我才能掌控周围的世界。

生命自然的成长过程需要我们了解自己，这是自我意识道路上的一个阶段。我们应当通过我们在镜子中的形象，以及他人和社会凝视中的形象找到自我，然后将目光向内，形成真正的个人道德原则，以便最终忘记自我的形象，在我们人生的道路上继续前行。要做到这一点，对自我和自身所处环境去理想化是非常关键的一步；用真实的话语表达，则是非常关键的另一步。

病态自恋指出我们在半路上睡着了的事实。

它最终的目的是促使我们成为大人。

选择生活

在生活中，有时候我们会发现自己深深陷入了我们所信仰的事物和思维模式中，以至于无法做出选择。

胡安听从了一位共同好友的建议，和我取得了联系。我们见面时，他告诉我他已经和妻子分开了，前妻从来都不支持他，还让孩子们与他反目成仇，现在孩子们也不想见他了。之后胡安认识了一位女性，她住的地方离他的居住地有20公里。胡安在继续留在不想见他的孩子们身边与和他爱慕的女人一起离开之间犹豫不决。“我怕离开之后可能就再也见不到我的孩子了，我也害怕留下来会失去我所爱的人。”

胡安希望能得到一个明确的答案，但是我只问了他一个问题：“你认为哪个选择符合生活的意义？”

胡安思考了一会儿，然后露出了笑容。我们的会面也结束了。

我不知道后来发生了什么，但是我的朋友告诉我：“发这条消息是想向你表达感谢，谢谢你给予我的朋友胡安新的价值。他与你的那次会面，使他重新专注于对自己而言最重要的事情，让他继续前行并选择了生活！1月初，他将搬到新家，和他喜欢的女人以及她的女儿们生活在一起。谁知道呢？或许他自己的孩子在某天也能接受这个新的开始。”

当我们面临某项选择并感到迷茫时，

一定要问问自己，

生活将会带我们走向何方。

远离病态的暴力

去理想化

如果我不是我，谁还能是我?

——亨利·戴维·梭罗（Henry David Thoreau）

面对未达到预期效果的自恋，有人建议基于对自己的二次评估，让自己再次回归自恋。我曾经听到一位催眠治疗师对催眠状态下的患者说：“你们很棒，你们是最棒的，你们简直棒极了……”

催眠能够很好地帮助我们与自己的潜意识建立联系，还能使我们的自然属性显露出来，但是我不认为引入与我们潜意识相对的概念很有效，从长远来看更是如此。

我认为，对于自恋的研究应该更多地专注于自身的去理想化，而不是对自我的重新评估，尤其是在一段有害的关系中。认为自己一无是处，实际上也是一种傲慢——这样认为意味着很在意自身形象。

吉米说“我从来没觉得自己这么被人看不起过，我从来没觉得自己是这么无足轻重”，其实展现了他傲慢的一面。为了让自己恢复过来，吉米必须明白自己与伴侣的代偿失调无关，甚至现实与他的想法恰恰相反。但是他也必须承认，他生病并不是安吉拉的错，是他自己的傲慢导致了他的病症。

尤兰达

我后来明白了，这19年来是我一直在治愈杰拉德……他离开之后，我才终于意识到我可以独自抚养孩子并撑起这个家。我明白了没有他我活得更容易，他离开，就像我少了一个儿子……我是个坚强的人，我的生活也证实了这一点。

认为自己是他人的问题或出路，是一种傲慢。接受继续扮演受害者的角色，就相当于一直停留在全能的谎言之中。

放弃全能并摆脱自身的傲慢，
使人能够认识到自己真正的力量，
不再依赖外部的观点。

在精神分析中，自我的去理想化是从对他人的去理想化开始的。这通常是青春期阶段应当完成的工作。在青春期的成长过程中，主体不承认镜中的自己——镜中的自己已不再是孩子，但也还未变成大人，这样的状态令人痛苦。为了摆脱这样的痛苦，人们就必须对自己的参照对象去理想化，并投入到新的目标中。为此所应用的机制和病态自恋机制非常相像，甚至到了二者会被混淆的程度。区别在于，青春期是必要的成长过程，具有临时性，它的去理想化是有一定条件的。

将父母理想化的孩子一定也得是一个理想的孩子，否则就有被抛弃的风险。因此，对他人去理想化是很令人感到舒适的，因为它能够让人对自身去理想化，允许我们放弃那些与表面瑕疵相关的压力，那些瑕疵会让我们认为自己并不完美，在任何时候都有被抛弃的风险。而在病态自恋的机制下，我们的去理想化已经远远超出了正常范围，到了自贬的地步（也就是说，施暴者有多羡慕自己的受害者，他们对自己的形象就有多鄙视）。

令人惊讶的是，相较一个没那么好的父亲，一个足够好的父亲更容易被去理想化。某位足够好的父亲犯了错，就表明他并不是完美的，孩子就会从焦虑中解脱出来，因为他看到一个人犯错也没什么大不了。我认为，当父亲不够好或有虐待行为时，孩子必须创造一个幻想中的完美父亲才能成长（施暴方式不同，情况也会不同）。在这种情况下，对父亲去理想化就很难了。

在有害的关系中也会出现这样的情况，不然如何解释有些人对施暴者的爱呢？是斯德哥尔摩综合征，还是对施暴者的认同？

对他人去理想化，然后对自身去理想化，就是回归现实。

美好的爱只会发生在现实世界而非幻想中。

难以实现的哀悼

对不起；原谅我；我爱你；谢谢。

——荷欧波诺波诺疗法

令人惊讶的是，比起那些从未给予我们爱的人，我们更容易为那些爱过我们的人流泪；而在我们没有从他人那里得到爱的情况下，我们会产生一种亏欠的感觉，一种永远无法实现的期望。

吉米

3年来，她一直说她是爱我的。她对我说："我喜欢和你在一起……""和你在一起时，一切都不是问题……”我以为我们是真心相爱的，我一直都相信她……我们在一起第3年时，我认为她陷入了抑郁。她认为我离家太远了，但比起和我谈论这件事，她宁愿通过诋毁我来为之后发生的事情开脱。她说：“每当我看见你时，我都告诉自己应该学会独自待在家里。”

就这么骂了我6个月后，她用一个3分钟的电话结束了我们的关系。自那之后，我们再也没见过彼此。另一方面，我得知她为了为自己的行为开脱，总是在我们的朋友面前诋毁我，说我疯了，一直以来都很暴力（这与事实完全不符）。

我觉得我爱的那个人并不存在。我认为是我允许了她对我施虐，或者说一直以来是我在自虐……我傻傻地相信了她说的话……

或许我应该原谅她……或许我得原谅，毕竟是我被她的话欺骗了……

我像是精神分裂了。如果我相信爱，我会觉得自己爱上了一个怪物；如果我转向愤怒，我就会憎恨她……

别人说我应该感到悲伤，为她而哭，但人有可能为一个不存在的人哭泣吗？

我记得有位女士曾经对我说，她的兄弟出海后再也没有回来。一段时间后，人们发现了他的船的残骸，于是她的兄弟被宣布死亡。她对我说，为一个尸体尚未找到的人哭泣不是不可能，但它是很艰难的。事实上，总是会有这么一个疑问存在：说不定他还活着呢？另外，尽管她最后哀悼了自己兄弟的死亡，她兄弟的妻子还是无法接受别人提起她丈夫的死。对她而言，她的丈夫还活着。

为了完成哀悼的过程，我们需要依靠一些具体的东西来指明损失。

我发现，那些没有受到父母良好对待的孩子往往比那些受到良好对待的孩子更难接受父母的缺席，尤其是置身于矛盾的诱惑中时（诱惑和虐待交替出现）。为幻想中的父亲流泪是很难的，就像是要哀悼一个从未存在过的人一样。

受到良好对待的孩子们能够在青春期对自己的父母去理想化，并在适当的时候继续前行。伴侣之间也是如此。在开始一段关系时，我们倾向将对方理想化，有时这还伴随着焦虑："我配得上对方吗？"对他人和自己的去理想化，有助于打破伴侣之间有形和无形暴力的恶性循环。这种去理想化就像哀悼一样，是为了找到真正的父亲而抛弃想象中的父亲。

能够为所爱的人哭泣，是因为爱一直存在；
难以为幻想而哭泣，是因为它没有任何真实存在的支撑，
还会留下深不可测的空虚。

语言

我在本书中提了好几次这个问题：如果我们所生活的世界中，人们总是以一种矛盾或错误的方式违背美好的语言，我们又如何向孩子们解释美好语言的重要性呢？

为什么要为真理而战？出于自私——纯粹是出于利己主义，而不是要遵守第三方施加的、更加符合规范的道德规则。每当我语无伦次或撒谎时，我都会创造一种双重现实，一种是我口中的现实，另一种是行为的现实。这就是精神分裂。

> 哦，拜托了！不要再说那些托尔特克的约定[1]了！
>
> 我的前任总是对我说：“你要善用美好的语言！”
>
> 我都听烦了。

指令中通常包含着自相矛盾的部分。在上面的例子中，那位前任将“你要善用美好的语言”这句话，作为自己独揽大权的格言。另外，这一指令的前提是说话者善用美好的语言，而听者也必须为此付出努力。这是一种病态的夺取权力的行为，是一种看不见的暴力。

从我的角度出发，我会采用另一句格言：我所说的话可以是无可挑剔的。美好的语言会带来快乐。

1　托尔特克（toltec）的意思是“智者”。托尔特克知识是墨西哥印第安人世代相传的心灵哲学和实践的总和。托尔特克智者的4个约定指：(1)不妄下评判，(2)不作假设，(3)不受他人影响，(4)全情投入。——译者注

真理就是快乐；

快乐就是真理！

目的

让我们想象一位梦想当选的政客，以及一位希望自己所支持的候选人能够做出改变的选民。政客把所有精力都投入竞选中。但是如果他在选举日当选即实现了自己的目标，他的旅程就结束了。如果其目标是当选，那么这个目标在选举日就会实现。而选民希望一切都能在选举日后开始改变，事实上，一切都在那天结束了。

假设我们想创办一家企业，比如一家药企，我们的目标是什么？如果目标是赚钱，我们关注的就是病人越多越好，我们的药品没有根治的功效，价格还得足够昂贵，以保证我们的收益。如果我们的目标是治愈病人，我们就会寻找疗效最好且价格最实惠的药物，尽可能让更多人受益。

或许这家药企会破产，但那也不错，不是吗？

如果你是治疗师，当你的病人痊愈时，对他们来说，你就没用了；如果你是传授知识的老师，你最终也会没有用处；如果你负责教导孩子，当孩子独立时，你也就不再有任何用处了。如果想要维持自己的权力，你就会花心思制造问题而不是传授大量信息，从而使他人总是依赖自己。

无能是看不见的暴力。

在采取任何行动之前，重要的是问问自己：我们真正的目的是什么？否则，我们就可能许下虚假的承诺，欺骗别人，也欺骗自己。

三角困境

吉米

我因为安吉拉遭受了许多痛苦！

后来我意识到，她是因为自己的痛苦而伤害了我。所以我给她写了一封长信，向她解释我认为我所明白的事情，可她甚至都懒得回信。我又写了第二封信，内容更加精练，也更具有针对性。最后，她终于回复我了，但是回信中满是厚颜无耻的脏话。看了回信后，我有了伤害她的念头，想把我所遭受的暴力都还给她……

在自我分析的过程中，我明白自己陷入了一种三角困境——从受害者到拯救者再到施暴者的立场转换。只有明白了我是在试图从对方身上拯救一部分自我后，我才能摆脱这种三角困境。我必须照顾好自己内心的安吉拉。

成为施暴者、受害者或拯救者，

意味着想要拯救或攻击自己在镜子中的影子。

吉米表面的目的是帮助他的伴侣，但真正的目的是修复其受损的形象。在意识到自己真正的目的之后，他就能摆脱这一恶性循环了。

要想摆脱这样的幻想，不再成为受害者，

就必须审视自己的内心。

吉米

我想净化我的潜意识。如果有一天我认识了某个人，我不想让对方遭受我的怨恨……我感觉安吉拉就是这么对我的，她让我为她之前所经历的关系付出代价。

谁是主体

主体首先在他人身上找到自我认同。

——雅克·拉康

那些一直遭受病态自恋机制人格攻击的人，总是来寻求我的帮助。我的工作首先是聆听病人的倾诉，他们总是一直和我谈论那个给他们造成伤害的人。这部分的谈话可以让病人释放自己的一部分感受。但是一段时间之后，我会让他们意识到他们谈论的一直是别人，从来没有聊到过自己。“那你呢？”“你的愿望是什么？”“你想干什么？”“是什么让你感到自己还活着？”

那时我正在一场关于病态自恋的讲座上演讲。我想提出这样的观点：是时候重新成为我们人生经历的主体了。所以我问道："谁才是主体？"然后我自己给出了答案："这里的主体就是你自己！"

一位坐在第一排的女士惊呼："哦，那是病态的！"一开始我没明白她的意思，后来我才意识到她想表达什么。那位女士的结论来自一种三段论：那晚的讲座主题是病态自恋，而我又说"你自己就是主体"，于是那位女士就认为"病态自恋的主体就是你自己"。其实我不是那个意思。

弗洛伊德曾说过，病态的人和神经症患者就像是一张照片的正片和负片，看上去相同，实际上相反。事实上，在病态自恋者与其受害者的关系中，我们在双方身上都能发现类似的机制。

基本的防御机制有分裂、否认和投射性认同，以及我们在其他章节中研究过的机制（诱惑、孤立、贬低、诋毁他人的话等）。

在所有看不见的暴力的例子中，我们都能发现上述的一些机制。例如，施暴者会否认自己行为的严重性，必要时还会说出“都是你自找的”这句有魔力的话来消除所有内疚的痕迹。不过受害者也一样，不然他们就会结束这样的关系了。同样，他们也常说“哦，真可怜，他受苦了”或者“他的童年很凄惨”这样的话。

正在或曾经遭受痛苦，这件事本身不会赋予人权利！

事实上，在这两种情况下，这些机制都有效地阻碍了人们审视自己的内心。

需要再次强调的是，要想摆脱这一恶性循环，你必须成为自己生活的主体。我的看法很简单：“你就是自己生活的中心。”然而，当你被困于自恋的边缘时，是不太容易意识到这一点的。

“想象一下，你在一架飞机上，身旁坐着你的伴侣和孩子。突然客舱出现了减压的情况，缺乏氧气，救生面罩也掉落在你面前。其他人都不知所措。你会先给谁戴上氧气面罩呢？”

“当然是先给我女儿戴上！”

“好的，但这不一定是最佳选择，因为你在试图这么做的时候就可能会因缺氧而失去意识，无法拯救任何人。你应该先给自己戴上面罩。”

为了摆脱这一恶性循环，我们必须彻底放弃某些观念，比如“别人应该比我先走”“自私是错误的”，等等。

健康的自私是完全有利于他人的。

某些自我牺牲完全是自恋。

利他的利己主义

己自护即是护他。

——《杂阿含经》

我所爱的人能给我的最好的礼物是什么？最好的礼物就是他身体健康并好好照顾自己。一天，我的一个儿子告诉我他很幸福。我立刻感到内心的压力释放了出来，一身轻松。

我能为周围人提供的最有价值的礼物是什么？就是好好照顾自己。

这种想法的危险在于：当我们状态不好时，就会责怪自己。感到悲伤、愤怒、沮丧都是生活的一部分，实际上它们并不是什么极其严重的事情。可以说："现在我感到难过，但这不是你的错。"

本节内容绝不是要让我们感到内疚，我不明白为什么我们心里一直认为专注于自己是不好的事情。当然，我指的不是以牺牲他人为代价的自私自利，也不是我之前所说的互相消耗的行为。

吉米

我出去斋戒了几天。当我回来时，她在电话里对我说："我不能跟斋戒的人在一起，我太喜欢吃东西了。"

我认为，我就是在那时意识到我们的关系要结束了，她一直在找借口离开我。

对消费的需求往往会让我们否认自身的局限性。消费会让我们暂时认为自己是全能的，因为我们值得。对全能的幻想促使我们过度消费，但这会导致一种悖论：一旦非常渴求的东西被收入囊中，它就消失了。这就是发生在吉米身上的事情。当他还有消费的价值时，他对他的伴侣来说是极好的：“我爱你，和你在一起我感到很放松……”之后，当伴侣对共同的朋友说“他疯了……总是疑神疑鬼”时，他就感觉自己被抛弃了，并对此心怀愧疚。

利他的利己主义者会照顾自己和身边的人。

自私的消费者不在乎是否伤害或玷污他人，他们一点也不关心他人。

照顾好自己就是照顾好他人，精神分析学家们都深知这一点；人们首先要治愈自己。在采取行动之前进行透彻的分析：如果你想治愈世界，先治愈自己。

如果你想拯救世界，先拯救自己。

有些神秘主义?

有人通过某种炼金术可以从内心提取出同情、尊重、需求、耐心、悔恨、惊奇与宽恕并将它们重新熔炼在一起，创造出被称为“爱”的微粒。

——纪伯伦（Gibran）

在得出结论之前，我们先来谈谈灵性。对此不感兴趣的读者可以跳过这一节。

大多数宗教都认为，世界的内核是爱、快乐、同情，等等。感受到爱、快乐和同情，就是达成了内心宇宙的和谐。

diable（法语，魔鬼）这个词的词根是di，就像diffractión（法语，衍射）这个单词一样。魔鬼将我们与世界的内核分离开来，但也使我们更能意识到善恶之分。

我再用一个比喻来说明这个问题：阳光是纯白色的。但是雨水会衍射阳光，产生彩虹，我们便能看到阳光中包含的所有颜色。彩虹是一种幻象，没有什么用处。然而不可否认，它也是一种现实。

我们的世界是否也是如此，本质是爱与纯粹的快乐？至于我们，是否就像汇入大海的雨滴？当一滴水回归它的源头时，这滴水就是海洋，海洋就是这滴水，它们融合在了一起。不过，这滴水必须放弃对受限于边界的自我的幻想。

我们也已经知道，界限往往是在冲突中划定的。我们是否下意识地认为，冷漠、憎恨和愤怒维持并巩固了我们自身界限的幻象，即与世界分离的自我幻象？相反，爱与快乐让我们更接近世界，不过我们也因此冒着迷失自我的风险。

我们经常从病态自恋的受害者口中听到“和他在一起

时，我就感觉自己还活着……”这样的话。痛苦是否能够让我们有一种全能的感觉？“我受苦故我在”“我感受到自己的边界，所以我存在”，就像与魔鬼签订契约会给我们一种全能的感觉一样。

走向爱与快乐，是一种为信仰而采取的行动；照顾自己，则是一种宗教行为。愤怒与痛苦来源于不妥的制约和错误的信仰。

爱与快乐是一个人正常且自然的本质。

纳西索斯爱着仙女厄科，但赫拉女神施下咒语，令厄科无法说话，只能重复听到的最后一个音节。当纳西索斯向厄科表白时，她只能回复“死”（muriendo）[1]。纳西索斯认为她是在嘲笑他，就伤心地离开了。他漫无目的地走着，经过一个水塘时看见了一位美丽少年的倒影。于是他每天都走过去欣赏，却不知那是他自己的倒影，还爱上了自己的倒影。一天，他走得太近，结果掉进水里淹死了。

1 amor（爱）最后一个音节是mor，谐音muriendo（死）。——译者注失败的自恋会导致人缺乏自信、变态、成为受害者、以痛苦为乐；成功的自恋会让人产生自信，爱上自己。那么，克服自恋之后呢？或许人们就对生活有了信心。

人们不再从他人身上找寻自己的回声或影子，而是敞开自己的心扉。不再有主体客体之分，只有自由循环的能量，无条件的爱与被爱。

骆驼必须放弃痛苦，才能穿过针眼。[1]

1 骆驼穿过针眼，意味着极难之事成为可能。——译者注

摆脱看不见的暴力

我们已经知道，我们的生活环境中总是存在着看不见的暴力，有时我们被迫遭受痛苦。我们往往假装这些暴力并不存在，最后承受巨大的压力。意识到并表达这些事情非常重要。能够被提起、被意识到的问题对身体（无论是生理上还是精神上）的影响要小一些。

这就是心理治疗师通常做的工作，这就像我们打扫卫生时清扫地毯下的灰尘一样。当我们假装这些问题不存在时，我们就会将压力搁置在潜意识中。

即使是在潜意识中，

我们被压抑的紧张情绪依然存在。

除此之外，正如我们所见，压制住这些紧张感是需要能量（反精神宣泄）的，否则这些压力就会一直等待某个时刻被释放出来。因此，仅仅是意识到或表达出自己的问题就能够让人恢复大量这样的能量。

我们知道，看不见的暴力很大程度上源于自身或他人有害的自恋特点。若源于他人，我希望能够将一种真正的关系生态付诸实践，学会优化自己周围的世界。现在流行的说法是，我们不应该评判他人。但是我们当然得做出评判。没有评判，就不可能做出选择，正如我们之前所述，不选择也是一种看不见的暴力，类似于夺取权力。

当然，总是对别人评头论足或诋毁他人也是不对的。但是我们应该明白，一旦我们判定了某段关系是否可以朝健康的方向发展，我们就需要自己做出决定。那么，作选择就意味着放弃。在十字路口，如果我选择向左走，就相当于我放弃了向右；反之亦然。自恋人格的人始终被困在十字路口，无法做出决定。也有夫妻总是在批评对方，却总是离不开彼此。

选择意味着放弃，放弃就是脱离评判。

这同样适用于语言和生活中的道德原则。摆脱谎言而坚持生活中的道德原则，就等于放弃——再次强调，这里说的放弃指的是放弃全能幻想。

对自我的去理想化也是如此。吉米必须放弃他的傲慢并承认自己并不是一文不值。他当然有缺点，但他肯定也拥有美好品质、底线和能力。他当然是独特的，独特意味着独一无二。这就是问题所在，我们害怕与他人不同，害怕自身的独特性。与人不同意味着要承担成为“出头鸟”的风险，就像弱者和替罪羊一样，会被摒弃、贬低甚至伤害。然而，我们必将得出这样的结论：我们所有人都是唯一的、独特的主体。

放弃意味着失去权力，摆脱全能幻想。

“当你成为暴力的受害者时该怎么办？”

“从自身出发，做出努力。”

“什么！除了被人攻击，我们还得质疑自己？”

“从自身出发做出努力是机会，不是惩罚。”

总之，你要做的就是在自己身上下功夫，因为无论如何，人们都无法在对方身上下功夫。从自身出发做出努力是一种机会。或许对我们施加暴力的人就是迫使我们质疑自己的人，或许这就是施暴者出现的原因。

那有什么科学的方法呢？我希望大家已经明白暂时将注意力转向自己内心的重要性。冥想，以及瑜伽、气功、太极等的身体练习，确实能够为我们提供帮助。

将思想重新转向我们内心并抛弃极端的理智化心理，对我们来说不应该是矛盾的。如果我们做到这一点，它就能帮助我们克服有害的自恋。这种有害的自恋迫使我们在他人的眼中和口中找寻自己的形象，使我们成为无形暴力的潜在受害者。

主动敞开心扉或让自己的心打开，是一种从身体、心理和能量的角度付出的努力；冥想、瑜伽等方式使我们专注于自己的身体和精神。关注生命健康和个人道德对此也有帮助。

海梅

在我的生活中，我遇见过帮助我站起来的天使，也遇见过让我堕落的恶魔。如果说前者让我得到了生活的慰藉，我得承认，除了那些恶魔之外，没有人能更好地迫使我继续前进……

海梅正视了自己的内心，并揭露了自己的潜意识。

最重要的是多聊聊那些让我们遭受伤害的事情。当然，家人和朋友能够分出一部分时间来听我们倾诉，但是很快我们会发现，最好同立场中立且专业的人谈论这些事情。

我们坚信，科学的方法有很多。如果我们感觉聊天更舒服，精神分析和心理治疗就是合适的方法；除此之外，艺术治疗和身体上的心理疗法效果也不错；一些催眠方法非常适合探索和净化潜意识。我们每个人都是独一无二的，要找到最适合自己的人和方法，还是得靠我们自己。

我们应该学会照顾自己，不要为自己的耀眼而感到羞耻。最后，正如太阳是太阳系的中心一样，我们也是自己生活的中心。

尤兰达

杰拉德离开之后，我差点崩溃。他的沉默给我造成了严重的伤害。但是最终我意识到，我有自己的方法继续前行。虽然有一段时间，我感到自己被他人否定了，但经历一切后我成长了，也变得更坚强了。

吉米

我很幸运与一位很棒的伴侣共度了3年的时光。之后，她彻底变了个人，对我不屑一顾。我感觉这3年来我们像是在一起攀爬一座山，到达山顶后，她却将我推入了虚空。我花了6个月时间跌入谷底，又花了6个月时间重新站起来。

我知道我内心有一颗闪耀着绚丽光芒的宝石。她以为可以弄脏它，但是，就像云朵能够暂时遮住太阳的光芒却不能笼罩太阳一样，我的泪水与痛苦洗净了这颗宝石，它又重新发出了耀眼光芒。

我真心希望安吉拉能够踏上一条比之前更好的道路……她值得更好的。